STEFANIE BLAWE
CLAUDIA FRIES

Der Weg zum erfolgreichen Jagdhund

VON DER WELPENERZIEHUNG
ZUM FERTIGEN HELFER

KOSMOS

☞ *Inhalt*

188 SERVICE

WARUM DIESES BUCH?

Es gibt bereits eine Reihe von Büchern über die Ausbildung von Jagdhunden, trotzdem haben wir uns an dieses Projekt herangewagt. Im Verlauf unserer Tätigkeiten haben wir immer wieder Kunden kennengelernt, die im Rahmen der Ausbildung ihres Hundes fragwürdigen Methoden zustimmten, obwohl sie sich nicht gut dabei fühlten. Es wurde ihnen suggeriert, dies sei der einzige richtige Weg.

Wir beschreiben hier nicht den einen ultimativ gültigen Weg. Für uns ist es in erster Linie wichtig, ein Grundwissen über Lernverhalten zu vermitteln, damit der einzelne Hundeführer auf dieser Grundlage selbst besser beurteilen kann, ob und wie die eine angewendete Methode bei dem eigenen Hund funktionieren kann. Darüber hinaus zeigen wir mögliche Wege der Jagdhundeausbildung auf. Jedes Mensch-Hund-Gespann ist individuell, und so sollte die Art der Ausbildung auch sein.

Durch die teils unreflektierte Anwendung einiger Ausbildungsmethoden sind nicht selten wichtige Details verloren gegangen. Ähnlich wie bei dem Kinderspiel „Stille Post" hat sich der Ursprung mitunter erheblich verändert. So werden dem Hund Techniken ohne Hintergrundwissen und ohne Blick auf das Individuum übergestülpt und gar nicht geprüft, ob sie passen. Funktioniert eine „Standardlösung" nicht, ist meist der Hund schuld. Er „taugt dann nichts."

Ein guter Hundeführer und Ausbilder hingegen überdenkt seine Methode, akzeptiert Grenzen – sowohl eigene als auch die des Hundes – und erreicht in diesem Rahmen das Beste. Bei allem Leistungsdruck darf die Freude und die Liebe zum Hund und an der gemeinsamen Jagd nicht verloren gehen.

DIKTAT PRÜFUNGEN?

Wenn ich einen Jagdhund ausbilden möchte, ist es wichtig, mir im Vorfeld einige Fragen zu stellen und diese ehrlich für mich zu beantworten. Was benötige ich wirklich für mich und mein Revier? Was kann ich leisten, sowohl zeitlich als auch persönlich? Ist es mir wichtig, mit meinem Hund auf Prüfungen zu brillieren, oder bin ich mit durchschnittlichen Leistungen zufrieden?
Es gibt mittlerweile leider die Tendenz, dass die Maximalpunktzahl in jedem Prüfungsfach ein Muss zu sein scheint. Man hat fast das Gefühl, manche Hundeführer schämten sich für weniger Punkte. Gerade in unserer heutigen Zeit mit Facebook, Instagram, aber auch beim Jägerstammtisch usw. werden Prüfungsergebnisse von völlig fremden Menschen im Nachhinein bewertet. Da heißt es bei einer Jugendsuche mit 60 Punkten schnell mal: „Was ist passiert, ging es dem Hund nicht gut?"
Dieser Fokus auf Punkte lässt den einen oder anderen den Blick auf das wirklich Wichtige verlieren. Wofür machen wir die Prüfungen?! In erster Linie sollte es darum gehen, jagdliche Anlagen und Eignung festzustellen. Natürlich darf man die Zucht nicht aus den Augen verlieren, und dafür braucht es unbestritten Kriterien und Leistung. Doch sollte man einen offenen Blick dafür behalten, ob das Ganze nicht in einen erbitterten Wettkampf ausartet.
Es ist absolut nachzuvollziehen, dass einen der Ehrgeiz packt. Spätestens, wenn es in einer Prüfung super läuft, möchte man gern am Ende unter den Ersten sein. Bei all diesem Ehrgeiz darf das eigentliche Ziel jedoch nie aus den Augen verloren werden: Am Ende des Tages muss ich mit meinem Hund in der heimischen Jagd klarkommen und im besten Fall ein gutes Team bilden. Macht es also Sinn, für meine Zwecke unnötige Dinge zu üben und über die Anlagen hinaus zu fördern, um auf einer Prüfung gut abzuschneiden? Und gegebenenfalls dabei noch in Kauf zu nehmen, dass ich mir hiermit ein großes Problem selbst schaffe? Der Leittragende ist am Ende der Hund, der exzessiv geübtes, plötzlich unerwünschtes Verhalten nun zu lassen hat. Dies wird ihm dann mit teils unfairen Methoden abverlangt.

JÄGER UND JAGDHUND – EIN TEAM

Die Ausbildung eines jungen Hundes ist ein spannender Weg, den Sie am besten als Team bewältigen können. Fortschritte und Rückschritte sind ein schöner Anlass, um einiges über sich selbst und den eigenen Hund zu lernen. Wir hoffen, Ihnen mit diesem Buch die nötigen Infos, aber auch die nötige Gelassenheit zu vermitteln, um Spaß an der Ausbildung zu haben.
Bei aller Klarheit und Konsequenz in der Ausbildung ist es für uns besonders wichtig, den Blick auf den vierläufigen Jungjäger an unserer Seite nicht zu verlieren. Unsere Jagdhunde sind in den meisten Fällen sehr bemüht und wollen mit uns zusammenarbeiten. Aus diesem Grund sollten wir bei Nichterfüllen einer Aufgabe eher davon ausgehen, dass der Hund Schwierigkeiten bei der Bewältigung hat – unterstellen Sie nicht gleich, dass sich der Hund weigert. Schauen Sie genau hin, ob er Ihre Hilfestellung benötigt. Auch wir selbst waren doch froh, als wir beim Erlernen z. B. des Brauchtums einen geduldigen, uns zugewandten und erfahrenen Jäger an unserer Seite wussten.

Stefanie Blawe und Claudia Fries

ERZIEHUNG UND AUSBILDUNG

HUND UND MENSCH

Hunde begleiten den Menschen schon seit vielen Jahrtausenden. Sie haben sich in dieser Zeit immer besser an unser Leben angepasst und weiterentwickelt. Und die Möglichkeit erhalten, immer engere Verbindungen mit dem Sozialpartner Mensch einzugehen.

Die Fortentwicklung der Hunde ist auch heute noch nicht abgeschlossen. Dafür sorgt auf der einen Seite die Zucht, die im Bereich der Jagdhunde ihr Augenmerk auf Leistung legt. Auf der anderen Seite unterlag und unterliegt die Entwicklung auch kulturellen Einflüssen und Modewellen –gesellschaftlich wurden Hunde mehr und mehr salonfähig. Auch die Jagdhunde sind vom reinen Werkzeug „Gebrauchshund" längst zum „Jagdgefährten" aufgestiegen. Die immer engere Bindung an den Sozialpartner Mensch führt zu Phänomenen, die aktuell erforscht werden: dass Hunde z. B. unser Lächeln nachahmen.

JAGDHUNDE-AUSBILDUNG – SPIEGEL DER ZEIT

Wenden wir unseren Blick auf die Jagdhundeausbildung, können wir auch dort eine Entwicklung beobachten, die mit unserer gesellschaftlichen Entwicklung einhergeht. In den Überlieferungen verschiedener Ausbilder in früherer Zeit werden oft überaus harte und rüde Methoden beschrieben. Diese Methoden passen in eine Zeit, in der auch mit Menschen nicht sonderlich zimperlich umgegangen wurde. Peitsche, Ketten u. Ä. gehörten damals zur Standardausbildung des Jagdhundes.

Durch die aufkommende Verhaltensforschung Mitte des 19. Jahrhunderts wurden Zusammenhänge zwischen Alter und Lernen deutlich und hielten Einzug in die Hundeerziehung. Erik Zimen, ein Schüler von Konrad Lorenz, trug durch seine Wolfs- und

Dieser Hund ahmt das Lächeln seines Menschen nach.

Ist der Hund eine „Reiz-Reaktions-Maschine", wie es der sogenannte Behaviorismus sah? Oder haben verhalten, wovon der Kognitivismus ausgeht?

Hundebeobachtungen einen großen Teil dazu bei. Heute bezweifelt kaum noch irgendjemand ernsthaft, dass eine gute Früherziehung das A und O für die Ausbildung des Hundes darstellt.

BEHAVIORISMUS KONTRA KOGNITIVISMUS

Die Denkmodelle des sogenannten Behaviorismus um 1930 haben uns eine Reihe von Lernprozessen sichtbar gemacht. In dieser Zeit wurde anhand von Laborversuchen geforscht, um Verhalten zu erklären. Viele Lernmodelle sind in dieser Zeit entwickelt worden und werden zum Teil noch heute als einzige Wahrheit verteidigt.

Das Verhalten von Hunden wird hier als eine reine Reiz-Reaktion-Maschinerie betrachtet. Sämtliche inneren Vorgänge des Organismus werden dabei ausgeklammert.

Parallel entwickelt sich in der Wissenschaft der sogenannte Kognitivismus, der nun auch innere Zustände und Bedürfnisse mit heranzieht, um deren Einflüsse auf das Lernverhalten weiter zu erforschen und zu erklären. Trotz dieser Entwicklung scheint das neue Wissen nicht bei allen Hundeausbildern angekommen zu sein. So finden sich gerade in der Jagdhundeausbildung immer wieder veraltete Methoden der Dressur, die dem heutigen Wissen um das Lernen widersprechen.

seine Bedürfnisse auch Einfluss auf sein Lern-

VON EINEM EXTREM ZUM ANDEREN

Gesellschaftlich können wir in der Hundehaltung eine Verschiebung der Interessen beobachten. Neben dem Einsatzbereich als Arbeitshund sind Hunde auch vermehrt zu Sozialpartnern geworden, zu Kindersatz und Ähnlichem. Damit einhergehend ist die Kritik an Ausbildungsmethoden mit Durchsetzung und Zwang gewachsen. Wenn es früher in der Ausbildung der Jagdhunde eindeutig zu hart zuging, werden heute „weichere Ansätze“ teilweise zu undifferenziert umgesetzt. In dem Wunsch, den brauchbaren Jagdhund ausschließlich durch positive Verstärkung zu erziehen, verliert dabei der eine oder andere etwas den Überblick. Deshalb möchten wir hierzu ein paar Gedanken unter Beachtung des heutigen Wissens über Lernpsychologie darlegen.

ABGRENZUNG

Grenzen wir zunächst einmal die Begriffe „Erziehung“ und „Ausbildung“ voneinander ab, denn sie bedeuten nicht dasselbe.

Erziehung Unter Erziehung verstehen wir den Prozess der Einwirkung auf den heranwachsenden Hund, sodass Letzterer ein möglichst konfliktarmes Leben in einer sozialen Gruppe führt. Ein Kontakt zu Artgenossen und Menschen ist dabei wichtig, damit der Hund durch soziale Interaktion die Kompetenz entwickeln kann, sich erfolgreich in einem Sozialverband zu integrieren. Mit dem Eintritt ins Erwachsenenalter ist die Phase der Erziehung abgeschlossen.

Als Grundlage für eine gelungene Erziehung ist es erforderlich, dass der Mensch eine klare Vorstellung davon hat, wie das Zusammenleben aussehen soll. Was der Hund können und wie er sich in bestimmten Situationen verhalten soll. Damit obliegt ihm die Verantwortung, dementsprechende Lernerfahrungen zu ermöglichen.

Ausbildung Von Ausbildung sprechen wir bei der Einarbeitung in die später zu leistenden Formalien sowie das Schulen der Fähigkeiten und Fertigkeiten. Der Jagdhund braucht darüber hinaus auch die Möglichkeit, ein jagdliches Verständnis zu entwickeln.

LENKEN, FÖRDERN UND HEMMEN

Durch Erziehung und Ausbildung werden die natürlichen Eigenschaften und Anlagen des Hundes in bestimmte Richtungen gelenkt und absichtlich gefördert oder gehemmt. Der Hund soll dabei in bestimmten Situationen, z. B. auf Sicht- und Hörzeichen, immer das gleiche, gelernte Verhalten zeigen. In anderen Situationen muss er hingegen allein entscheiden und eigenständig handeln.

METHODEN

Hundeausbildung mit Bestrafung und Zwang wird von vielen Menschen verurteilt, der Wunsch nach dem ausschließlichen Einsatz von Belohnung immer größer. In der meist heißen Diskussion werden oft Begriffe verwechselt, falsch interpretiert oder emotional bewertet.

Wir wollen versuchen, Klarheit in diese Diskussion zu bringen. Erst einmal ist es verständlich, dass der Begriff „Bestrafung“ in Verruf geraten ist. Viele Hunde sind regelrecht verprügelt worden, um ein Verhalten zu unterbinden. Dadurch lösen Begriffe wie Bestrafung bei Menschen auch gleich Bilder von Gewalt und destruktiver Aggression aus. Wir wollen im Folgenden erklären, wie Bestrafung gemeint ist und wie wir diesen Begriff auch in diesem Buch verwenden.

„BESTRAFUNG“ UND „BELOHNUNG“

In der Lernpsychologie hat Bestrafung nichts mit Gewalt und Aggression zu tun! Und auch wenn wir Bestrafung lerntheoretisch als eine effektive Maßnahme sehen, geht es nicht darum, Hunde ausschließlich mit Bestrafung zu erziehen. Im Gegenteil, das wäre sehr einseitig und nicht sonderlich effektiv. Wir würden dabei sämtliche andere Lernformen vergessen und vor allem die natürlichen Bedürfnisse der Biologie außer Acht lassen. Gemeint sind damit soziale Bedürfnisse wie Ruhe, Schutz, Ansprache und Berührung, um nur ein paar zu nennen.
Genauso einseitig ist es aber auch zu glauben, dass wir allein über Belohnung erziehen und ausbilden können. Dabei würden wir viele Lernformen ausblenden, die permanent stattfinden. Wir leben eben nicht unter Laborbedingungen.

KOMPLEXES LERNVERHALTEN

Lerntheoretisch befinden wir uns mit diesen Begriffen Bestrafung und Verstärkung im Bereich der operanten Konditionierung. Wir sprechen also über Lernen durch Erfolg und Misserfolg. Mitte des letzten Jahrhunderts wurde versucht, Verhalten als ein Reiz-Reaktions-Modell zu erklären. Dabei wurden sämtliche innere Bedürfnisse wie Hunger, Durst oder Lust auf Spiel oder Fortpflanzung ausgeblendet. Diese einfache Sichtweise wird aber dem Organismus „Hund“ auf keinen Fall gerecht. Heute werden deshalb in der Lernpsychologie auch die inneren Zustände und Bedürfnisse mit herangezogen, um Verhalten inklusive Lernprozess zu erklären.
Es ist also klar, dass eine reine Dressur über Futter nicht ausreicht, um dem Lernverhalten eines komplexen Wesens wie einem Säugetier gerecht zu werden. Wir wissen, dass die Genetik einen Einfluss auf das Verhalten hat und dass bestimmte innere Prozesse über das Hormonsystem ebenfalls ein Verhalten belohnen. Denken wir nur an das Jagen: Durch die Produktion von körpereigenen

Jagen ist selbst belohnend. Es setzt beim Hund körpereigene Opiate wie Endorphin und Dopamin frei.

Opiaten wie Endorphin und Dopamin werden das gezeigte Verhalten (Jagen) belohnt und die Motivation für ein erneutes Erleben dieser Situation geschaffen.
Dennoch können wir selbstverständlich Verhaltensweisen auch durch operante Konditionierung aufbauen oder unterbinden.

HUNDEVERHALTEN ALS VORBILD

HUNDE UNTER SICH

Hunde untereinander setzen sich klare Grenzen und arbeiten dabei auch mit Bestrafung. Ein Welpe, der im Spiel einen anderen Hund dabei zu fest beißt, wird eine Antwort erhalten, z. B. einen gehemmten Biss über die Schnauze oder ein Knurren. Mit der Zeit und nach ein paar Wiederholungen wird der Welpe gelernt haben, dass er zarter sein muss, damit sein Partner weiterhin mit ihm spielt. Durch die Einschränkung, die Bestrafung in diesem Fall, kommt es sicherlich nicht zu einem Vertrauensverlust.
Weitere Beispiele, wie Hunde sich untereinander Grenzen aufzeigen, um anschließend miteinander zu spielen, zu jagen oder zusammen zu schlafen, gibt es zuhauf. Die Angst mancher Trainingsansätze, durch eine Bestrafung gehe das Vertrauen des Hundes verloren, ist für uns damit nicht nachvollziehbar.

Schnauzgriff der erwachsenen Hündin als Korrektur des Welpen

DURCHDACHTER EINSATZ IST WICHTIG

Lerntheoretisch ist Bestrafung nichts Schlechtes, sondern sehr effektiv. Der Mensch sollte sich allerdings im Klaren darüber sein, wann und wie er sie anwendet. Dies gilt ebenso für eine Belohnung.

Um einen Lernprozess gut zu begleiten, ist es wichtig, das Gewünschte so zu erklären, dass es der Hund verstehen kann. Dazu muss es den kommunikativen Möglichkeiten des Hundes angepasst sein. Entscheidend ist dabei, dass der Hund die Lernsituation versteht, also wofür er gerade belohnt oder bestraft wird. Dafür kommt es darauf an, dass die Konsequenz auf ein Verhalten zeitnah erfolgt, sodass es zu einer guten Verknüpfung kommt. Wir sprechen dabei von ein bis zwei Sekunden. Weiter ist wichtig, dass die Intensität der Konsequenz an den jeweiligen Hund angepasst ist, damit er es auch als Bestrafung oder Belohnung empfindet.

BEISPIEL ANSPRINGEN

Ein Beispiel, das Sie sicher kennen: Als Ihr Hund noch Welpe war, hat er Sie vielleicht zur Begrüßung angesprungen, wenn Sie nach Hause kamen. Um dieses Verhalten zu unterbinden, haben Sie sich vielleicht vor ihm aufgebaut und in scharfem Ton ein „Nein" gesagt. Hat er das Verhalten daraufhin verändert und Sie freudig auf allen vieren begrüßt, hat er ganz offenbar durch „Bestrafung" – nämlich durch eine körperliche Geste (angespannter Oberkörper) und Ihre Stimmung, Ihren Unmut – gelernt, dass das Anspringen nicht gewünscht ist. Vielleicht hat das bei Ihrem Welpen aber auch nicht gereicht und Sie mussten ihn beim Anspringen festhalten, damit er bemerkt, was er gerade tut, und das Festhalten dabei als unangenehm empfindet. Auch wenn er es nach dieser Sanktion erst gelernt hat, konnten Sie feststellen, dass das Vertrauen in Sie dadurch nicht gestört wurde. Wenn Sie nämlich einmal schauen, wie viele Erfahrungen Ihr Welpe mit Ihnen im Laufe eines Tages macht, werden Sie feststellen, dass nur ein geringer Teil davon Bestrafung ausmacht. Viel häufiger wird er Belohnungen und ein neutrales freundliches Verhalten erleben. Die Summe aller Eindrücke ist ein wichtiger Aspekt und eine Bestrafung hat in diesem Fall nichts mit Gewalt zu tun.

FEHLERHAFTE BESTRAFUNG ... UND BELOHNUNG

„Mit Bestrafung kann man schnell was falsch machen", lautet eine häufige Kritik. Ja, das stimmt. Mit Belohnung aber auch! Belohnen (Verstärken) Sie nicht im richtigen Moment, kann es zu einer Fehlverknüpfung kommen. Oder Sie bestätigen unbeabsichtigt ein Verhalten, weil z. B. eine Belohnung falsch gesetzt wird oder Sie etwas nicht als Belohnung erkennen, der Hund es aber als solche wertet. Ein Beispiel: Ihr Hund verhält sich bei der Begegnung mit einem anderen Hund an der Leine ungehalten: Er bellt und springt in die Leine. Sie versuchen jetzt, ihn mit einem Leckerli abzulenken und durch Streicheln zu beruhigen. Dann stehen die Chancen gut, dass er in diesem Fall für sein Verhalten belohnt wurde.

Es kann aber auch sein, dass Sie mit dem Hund geschimpft haben. Der Hund hat aber gar nicht verstanden, dass er gemeint ist, sondern glaubt, dass Sie gemeinsam den anderen beschimpft haben. Auch dann wird sich der Hund belohnt fühlen und das Verhalten in Zukunft öfter zeigen.

ERLERNTE HILFLOSIGKEIT

Wenn ein Hund wiederholt unangenehmen Reizen ausgesetzt wird, ohne dagegen etwas unternehmen zu können, gelangt er unter Umständen in eine sogenannte erlernte Hilflosigkeit. In diesem Zustand lassen etwa zwei Drittel der Hunde irgendwann die unangenehmen Reize ohne Gegenwehr über sich ergehen und übertragen diese Hilflosigkeit auch auf andere Situationen. Sehr interessant ist dabei, dass das Gleiche passiert, wenn Lebewesen permanent belohnt werden und nicht wissen, wofür.

SYMPTOME

In beiden Fällen sind die typischen Symptome einer erlernten Hilflosigkeit zu beobachten. Die Probanden zeigen keinerlei Motivation, etwas an der Situation zu ändern. Sie übertragen dieses Verhalten auf andere Situationen, zeigen allgemein verminderte Lern- und Leistungsfähigkeit und entwickeln häufig emotionale Störungen wie Ängste. Das passiert, weil die betroffenen Tiere keine Kontrolle über die Situation ausüben konnten und damit einem hohen Stresslevel ausgesetzt waren. Es ist demnach wichtig, dass dem Hund klar sein muss, für welches Verhalten er bestraft oder belohnt wird.

ALTERNATIVVERHALTEN NUR DURCH BELOHNUNG?

Hat er in diesem Fall selbstständig eine Lösung gefunden, mit der er eine Situation für sich gut entwickeln kann, werden vermehrt Botenstoffe wie Dopamin und Endorphine ausgeschüttet. Dadurch wird der Hund diese Lösung gern wieder zeigen. Dabei ist es wichtig, dass er die Lösung selbst gefunden hat und ein unerwünschtes Verhalten nicht nur unterdrückt wurde.

Versuchen wir nun, ein unerwünschtes Verhalten durch ein Alternativverhalten zu ersetzen, ohne das unerwünschte Verhalten vorher zu bestrafen, wird das nur funktionieren, wenn das unerwünschte Verhalten für den Hund nicht so wichtig ist.

Ein Beispiel: Der Hund stürmt an die Haustür, wenn es klingelt. Als Alternativverhalten bringen Sie ihm bei, sich auf seinen Platz zu legen. Bei Klingeln soll er also nur auf seinen

Platz gehen und sich hinlegen. Das wird gelingen, wenn der Hund lieber auf seinem Platz belohnt wird, als Besuch zu empfangen. Hat er aber Spaß daran, den Besuch zu begrüßen, wird er beim Klingeln zur Tür stürmen und warten, dass sie aufgeht.
Wollen Sie dies verhindern, ist es viel sinnvoller, das An-die-Tür-Laufen schon im Ansatz zu bestrafen. Damit stehen die Chancen wesentlich besser, dass dieses Verhalten dauerhaft unterbunden wird.
Und: Ohne eine unangenehme Konsequenz für das An-die-Tür-Laufen wird der Hund auch gar nicht verstehen, dass er das nicht soll. Ist es nicht fairer, einmal zu sagen: „Lass das!", und dann sind wir wieder fein miteinander?

VERBALE ERKLÄRUNGEN NICHT MÖGLICH

In der Kindererziehung können wir verbal Dinge in Aussicht stellen: „Wenn du das machst, dann ...!" Kinder, die daraufhin ein Verhalten unterlassen und etwas anderes tun, belohnen sich selbst, und damit besteht eine große Chance, dass sie das neue Verhalten in Zukunft sicherer zeigen.

Da wir Hunden aber verbal keine Konsequenz in Aussicht stellen können, sondern die Vierläufer nur direkt in der Situation erfahren können, was wir nicht möchten, fällt ein Erklären und Drum-rum-Reden weg – auch wenn viele Menschen das gern versuchen. Seien Sie ehrlich, es funktioniert nicht beim Hund.
Erlebt der Hund hingegen eine unangenehme Konsequenz auf das Verhalten, hat er die Möglichkeit, für sich selbst eine Alternative zu erarbeiten, die er dann wiederum sicher und gern zeigen kann. Ob das letztendlich ein Auf-den-Platz-Legen wird, können wir unterstützen, aber er muss selbst auf diese Lösung kommen, um es in Zukunft sicher zu zeigen.

NACHTEILE DER BESTRAFUNG

Möchten Sie ein Verhalten dauerhaft unterbinden, ist es wichtig, im Lernprozess dafür zu sorgen, dass der Hund das Verhalten über eine ganze Zeit hinweg nicht mehr zeigt. Zumindest nicht, ohne jedes Mal die Konsequenz zu erfahren, dass das Verhalten nicht gewünscht ist und er sich tatsächlich auch bestraft fühlt. Dann haben wir die Chance,

Schnauzgriff durch den Menschen

dass er das Verhalten wirklich auf Dauer nicht mehr zeigt.
Wird er hingegen mal für das Verhalten bestraft und ein andermal kann er es ohne Konsequenz zeigen, wird er immer wieder motiviert und das Verhalten wieder häufiger zeigen („intermittierende Verstärkung“, s. „Lernverhalten“ S. 56 u. 57).
In unserem Beispiel mit dem Läuten an der Tür stellt sich jetzt die Frage, was passiert, wenn der Hund allein zu Hause ist. Der Postbote klingelt, der Hund rennt zur Tür und es passiert ... nichts, außer dass der Postbote wieder verschwindet. Eventuell fühlt sich der Hund sogar belohnt, weil er denkt, dass er den Postboten erfolgreich vertrieben hat. Dann wird es sehr schwer werden, dieses Verhalten auf Dauer zu unterbinden.
Ist der Hund enttäuscht, weil nach dem Klingeln niemand hereinkommt, wird auch hier die Vorfreude auf eine eventuelle Begrüßung dafür sorgen, dass er es weiter probiert. In diesem Fall wäre es sinnvoll, in der Lernphase dafür zu sorgen, dass er gar nicht die Möglichkeit hat, das Zur-Tür-Rennen zu zeigen.

KOMBINATION BELOHNUNG UND BESTRAFUNG

BELOHNEN – ABER RICHTIG

Ein sinnvolles Training bedient sich sowohl der Belohnung (Verstärkung) als auch der Bestrafung, also beider Techniken. Möchten Sie Ihrem Hund etwas beibringen, ist es sinnvoll, mit einer positiven Belohnung zu arbeiten. Sie fördern damit, dass Ihr Hund das Verhalten öfter zeigt und dabei in einer guten Stimmung lernt.
Was für Ihren Hund eine Belohnung ist, werden Sie schon herausgefunden haben. Unterschätzen Sie dabei nicht den sozialen Aspekt: Eine gute Stimmung, ein Lob und echte Freude stehen bei Hunden hoch im Kurs. Ein weiterer Vorteil sozialer Zuwendung ist, dass Ihr Hund beziehungsweise sein Gehirn sich nicht daran gewöhnt, wie das bei Futter durchaus der Fall sein kann. Achten Sie bei der Belohnung darauf, dass Ihr Hund dadurch nicht aufgedreht wird. In erregter Stimmung ist weiteres Lernen schwierig. Bei manchen Hunden reicht schon die Nähe leckeren Futters, um nicht mehr klar denken zu können. In so einem Fall können Sie weniger attraktives Futter verwenden wie Reiswaffeln. In anderen Fällen kann auch Ihr Jubeln zu solchen Freudenausbrüchen beim Hund führen, dass Sie eher in ruhiger Stimme loben müssen.

VERWEIGERUNG MUSS KONSEQUENZEN HABEN

Hat Ihr Hund ein Kommando sicher gelernt und möchte dieses aber nicht ausführen, könnte man natürlich versuchen, die Qualität der Belohnungen zu steigern. Aber früher oder später kommt man an einen Punkt, an dem auch die beste Belohnung den inneren Antrieb, sich zu weigern, nicht mehr überwiegt. Spätestens jetzt muss das Sich-Weigern einfach Konsequenzen haben, um das Gelernte abzusichern.

AHNDEN ODER VERHINDERN

Übertragen Sie das Beispiel „bei Klingeln zur Tür rennen" in die Ausbildung Ihres Hundes. Soll ein Verhalten zuverlässig unterbunden werden, darf es auch zwischendurch nicht mehr unkontrolliert auftreten. Im Training können Sie dazu Schritt für Schritt vorgehen: Tritt das Verhalten auf, muss es eine für den Hund verständliche, unangenehme Konsequenz haben. Sind Sie nicht in der Lage, das Verhalten zu ahnden oder zu kontrollieren, weil Sie z. B. gar nicht anwesend sind, müssen Sie, z. B. durch Ausschalten der Klingel, im Vorfeld verhindern, dass der Hund das Verhalten zeigen kann.

Durchsetzen mithilfe körperlicher Zurechtweisung – hier ein Anticken

Auch hier spielt die Stimmung eine wichtige Rolle. Es ist durchaus legitim, sich seinen Unmut anmerken zu lassen, das heißt aber nicht, „sauer“ zu werden. Zusätzlich korrigieren Sie Ihren Hund in angepasster Form. Schauen wir uns das anhand eines Beispiels an. Sie haben Ihrem Hund das sichere Ablegen beigebracht und ihn bisher immer dafür belohnt. Seit einiger Zeit wird das Ablegen immer schlechter. Ihr Hund will einfach nicht mehr liegen bleiben, obwohl Sie das Kommando nicht aufgelöst haben. In dem Moment, in dem Ihr Hund unerlaubt aufsteht, müssen Sie ihm jetzt klarmachen, dass dieses Verhalten unerwünscht ist. Vielleicht reicht ein eindrucksvolles „Nein!“ bei Ihrem Hund aus und er legt sich wieder hin. Sollte dies nicht der Fall sein, müssen Sie deutlicher werden, z. B. durch einen kurzen Schubs an die Schulter.

Hunde können mit körperlichen „Zurechtweisungen“ gut umgehen, untereinander ist dies ja auch keine ungewöhnliche Art der Auseinandersetzung. Enorm wichtig ist aber die Art und Weise. Es geht hierbei weder um Gewalt noch um Unterdrückung. Es geht schlicht und einfach um eine verständliche Kommunikation in beide Richtungen, lobend als auch hemmend. Denken Sie daran, dass Sie nach einer Einwirkung wieder in eine neutrale Stimmung kommen. Hunde sind nicht nachtragend, also seien Sie es auch nicht.

LERNEN UND BEZIEHUNG

Auch wenn wir einen fehlerfreien Trainingsaufbau hatten und Kommandos sicher gelernt wurden, kommt der Moment, an dem der Hund dieses nicht mehr zeigt. Häufig liegt dies an einer Ablenkung, aber gerade in der Pubertät wird der Hund immer öfter Kommandos oder auch Sie als Mensch in Frage stellen.

Die zuverlässige Ausführung eines Kommandos ist jetzt vom reinen Lernen auf die Beziehungsebene gerutscht. Ignorieren Sie den Ungehorsam, wird Ihr Hund lernen, dass er Ihnen nicht zuhören muss, und ein gewünschtes Verhalten immer seltener auf Befehl zeigen. Es geht jetzt darum, Ihrem Hund klarzumachen, dass er das Kommando ausführen muss, weil Sie es ihm sagen. Damit Ihr Hund Unterbrechungen akzeptieren und gut damit umgehen kann, ist es wichtig, dass er Sie als verlässlichen Menschen erlebt hat. Verlässlichkeit erlebt er z. B. dadurch, dass Sie von Anfang an ein „Nein“ ernst gemeint und auf der anderen Seite Sicherheit und Schutz geboten haben.

Ein Blick auf die Hormone unterstützt diese These. Hunde, die in einer guten Mensch-Hund-Beziehung leben, schütten vermehrt Oxytocin aus. Dies wieder aktiviert die Bindungsfähigkeit. Eine vermehrte Ausschüttung wirkt dabei stressreduzierend, indem es den Cortisolspiegel senkt.

Übrigens fühlen sich auch Kinder, die klare Spielregeln gelernt haben, meist sicherer als

Kinder, denen keine Grenzen gesetzt werden. Letztere sind oft schlichtweg überfordert. Klare Grenzen sorgen eben für Sicherheit!

STRAFE IST NICHT GEWALT

Bis jetzt haben wir erläutert, dass eine Bestrafung durchaus Sinn macht, sofern sie angemessen ausgeführt wird und sofern der Hund versteht, für welches Verhalten er bestraft wurde. Findet der Hund als Konsequenz eine Möglichkeit, ein anderes Verhalten zu wählen, wird dieses durch Hormonausschüttungen belohnt, sodass er das neue Verhalten sogar öfter und gern zeigen wird. Die Auseinandersetzung mit seinem Sozialpartner Mensch führt dabei sogar zu einer Aktivierung des Bindungssystems.
Sprechen wir hingegen von „Gewalt“, verschieben sich diese Parameter. Wird der Hund unangemessen bestraft, ist das entweder unfair und/oder er kann daraus nichts lernen. Dies kann passieren, weil zu hoch oder zu niedrig dosiert wird oder weil eine Zeitverzögerung den Zusammenhang zwischen Verhalten und Bestrafung nicht zulässt.
Ein weiterer Punkt kann eine inkonsequente, also unberechenbare Bestrafung sein. Dies kommt z. B. vor, wenn er Mensch jähzornig, wütend oder launisch agiert. Auch hier wird der Hund nicht zuordnen können, für welches Verhalten er bestraft wurde. Ebenso ist jeglicher Missbrauch – körperlicher, emotionaler oder sozialer Art – ebenfalls mit Gewalt gleichzusetzen und zu verurteilen.

ZUM SCHLUSS

Eine direkte und klare Kommunikation mit dem Hund ist die Basis für eine gute Mensch-Hund-Beziehung, die eine faire Erziehung erst möglich macht. Dabei ist der Halter in der Verantwortung, seinen Hund einzuschätzen und Verstärkung wie Bestrafung angemessen einzusetzen.
Das Beibringen von Neuem funktioniert am besten über Belohnung und sollte so auch praktiziert werden. Wenn Dinge erfolgreich gelernt wurden, kann das spätere Einfordern dieser Kommandos Konsequenzen in Form von Bestrafung erforderlich machen. Erfolgt diese Bestrafung bereits im Ansatz des Konflikts, in einer angemessenen und verständlichen Form, ist dies ebenfalls die sinnvollste Methode.

Das Verhalten des Menschen gegenüber dem Vierläufer ist ein wesentlicher Grundstein für die Mensch-Hund-Beziehung.

PLACEBOARD

„Ihr“ Song läuft im Radio und sofort sind Sie in guter Stimmung. Die Erinnerung... So ähnlich ist das mit dem Placeboard. Nach kurzer Einarbeitung wird das Board zu einem Ort der Motivation.

Schnell verknüpft der Hund mithilfe des Placeboards eine Trainingssituation mit seinem Erfolg, und das gibt ihm zusätzlich Sicherheit. Das Board ist ein guter Ort, um schnell und gern zu lernen.

Für Konzentration und Fokussierung

Im Hundetraining ist das „Placeboard“ ist ein vielseitiges Hilfsmittel. Es unterstützt Mensch und Hund. Mit seiner Hilfe soll eine Lernsituation geschaffen werden, die den Hund auf die gestellte Aufgabe konzentriert. Zunächst wird das Board dazu für den Hund positiv belegt. Erste Übungen, wie Auf-das-Board-Gehen oder Darauf-Sitzen, werden über positive Verstärkung erarbeitet. Dabei kommt uns zugute, dass Hunde schnell ortsbezogen lernen. Das Board wird so sehr schnell zu einem Ort der Sicherheit und der Motivation. An ihm zeigen bereits sehr junge Hunde eine erstaunliche Konzentration und einen guten Fokus auf ihren Menschen.

Dem Menschen hilft der klar abgegrenzte Raum „Placeboard“ ebenfalls, den Fokus zu halten. Durch das Training auf dem Brett sind Lerneinheiten und Pausen klar definiert.

Das Training auf dem Placeboard eignet sich für die Grundausbildung junger Hunde gleichermaßen wie auch zur Festigung bereits erlernten Verhaltens. Ein weiterer Vorteil hierbei ist, dass es sowohl drinnen wie draußen eingesetzt werden kann. Auch gerade im Training mit leicht ablenkbaren oder ängstlichen Hunden kann man abseits von Außenreizen über das Board Ruhe und Sicherheit ins Training bringen und so Lernerfolge auf beiden Seiten erzielen. Ist das Lernziel erreicht, beginnt man stufenweise damit, das Placeboard abzubauen und das neu gelernte Verhalten in anderen Umgebungen abzurufen.

Trotz allem ist das Placeboard „nur“ ein Hilfsmittel. Seitens des Ausbilders sind eine gute Beobachtungsgabe und Einfühlungsvermögen sowie ein perfektes Timing bei der Belohnung die Voraussetzung für eine erfolgreiche Arbeit.

Bewährt hat sich das Placeboard beim Eintrainieren von Aufgabenstellungen wie Sitz, Platz, Apport, Halt und Verweisen. Aber auch komplexere Abläufe, z. B. beim

01

02

03

04

05

06

07

Einweisen, können eingeübt werden, bei denen der Hund immer wieder zurück zur „sicheren Basis“ kommt. Mit etwas Kreativität lassen sich, angepasst an die jeweiligen Anforderungen und Bedürfnisse, eine Vielzahl an Übungen gestalten, wie z. B. Standruhe oder das Training von Impulskontrolle.

Vorteile auf einen Blick

Die unbestreitbaren Vorteile eines Placeboards im Rahmen der Hundeausbildung sind:

— Es schafft eine klare Lernsituation.
— Es bietet einen sicheren Rahmen.
— Es ist ein Ort hoher Motivation.
— Es sorgt für hohe Konzentration.

01 Ein Handzeichen weist dem Hund den Weg.
02 Er kennt das Placeboard und folgt gern.
03 Der Hund sitzt in Ruhe und wartet geduldig ...
04 ... bis er belohnt wird.
05 Der Hund wird bewusst abgelenkt ...
06 ... und mitten im Spiel zum Placeboard gerufen.
07 Er folgt und läuft motiviert zum etablierten Board.

GRUNDLAGEN

ENTWICKLUNG

Der Hund durchläuft in seinem Leben verschiedene Entwicklungsphasen, in denen er offen ist für bestimmte Lernerfahrungen. Mit dem entsprechenden Wissen darüber können wir Einfluss nehmen und die Entwicklung des Hundes sinnvoll unterstützen.

Für diese Einflussnahme und Unterstützung braucht es zum einen gezielte Lernsituationen, die wir schaffen können, und andererseits die Auseinandersetzung mit dem Menschen, um soziale Regeln zu lernen und zu festigen. Außerdem kann es beruhigen, dass manche Verhaltensweisen in bestimmten Phasen vollkommen normal sind. Wir wollen hier einen kleinen Überblick darüber verschaffen.

VORGEBURTLICHE EINFLÜSSE

Diese Phase findet komplett beim Züchter statt. Nehmen Sie sich die Zeit, die Hündin kennenzulernen, denn deren Persönlichkeit und Verfassung haben einen hohen Einfluss auf die Welpen. Fragen Sie den Züchter und machen Sie sich auch ein Bild von der Zeit vor der Geburt bis dann zur Abgabe der Welpen. Eine gute Ernährung der tragenden Hündin, eine ausreichende Pflege und ein sozial stabiles Umfeld sind wichtige Voraussetzungen für eine gute Entwicklung der Welpen.

Die Grundlagen für die spätere Persönlichkeitsentwicklung der Welpen bilden sich im letzten Drittel der Trächtigkeit und werden in den ersten Lebenswochen mit der Mutterhündin gefestigt. Wichtige Eigenschaften wie Lern- und Bindungsfähigkeit, Stressanfälligkeit und die Widerstandkraft werden hier angelegt und sind zum Teil nicht mehr veränderbar.

STRESS IN DER TRÄCHTIGKEIT

Hat eine Hündin also Dauerstress, z. B. durch eine Konkurrenzsituation im Haushalt, oder wechselt sie im Rahmen der Zuchtmiete während der Trächtigkeit in den Züchterhaushalt und gewöhnt sich dort schlecht ein, führt das zu einem erhöhten Cortisolspiegel bei ihr. In der Trächtigkeit ist der Organismus der Hündin direkt mit ihren Welpen verbunden. Der Stress der Hündin wirkt sich somit direkt auf die ungeborenen Welpen aus und führt zu Veränderungen im Gehirn. Dieses Stresszentrum im Gehirn des Welpen führt wiederum zu der Produktion von weiterem Cortisol, was dann wiederum die Produktion von Adrenalin und Noradrena-

lin auslöst. Damit ist bei dem Welpen eine erhöhte Kampfbereitschaft und eine erhöhte Fluchtbereitschaft ausgelöst.
Dieses Stresshormonsystem solcher Hunde bleibt ein Leben lang leichter und schneller erregbar. Alle Lernerfahrungen, die ein Welpe in den ersten Wochen nach der Geburt macht, werden dann in dieser erhöhten Alarmbereitschaft gemacht: Sie wissen selbst, wie schreckhaft man sein kann, wenn man etwas Schlimmes erwartet. Denken Sie nur an die Filme nach den Büchern von Steven King.

FEHLSTART VERMEIDEN

Die in dieser Zeit gemachten Erfahrungen wirken nachhaltig, und so werden die Welpen mit weniger gut ausgebildeten Kompetenzen starten. Sie entwickeln keine so guten Stressbewältigungsstrategien und ihre Lern- und Bindungsfähigkeit ist eingeschränkt. Solch ein Start ins Leben lässt sich selbst mit großer Mühe nicht mehr auffangen.

Augen und Ohren sind noch geschlossen. Welpen brauchen Körperkontakt.

Der Welpe wird mit einer genetischen Disposition geboren, und zusammen mit den ersten Lernerfahrungen bildet sich der Grundstein für die Persönlichkeit des Hundes. Fazit: Je entspannter diese Zeit für und mit der Mutterhündin verläuft, umso besser ist das für die Entwicklung der Welpen.

NEONATALE PHASE (TAG 1 BIS CA. TAG 14)

In den ersten Lebenswochen nach der Geburt durchlaufen Hunde unterschiedliche Entwicklungsphasen, um die wir wissen müssen.
In der neonatalen Phase werden erste wichtige Lernprozesse vorbereitet. Der Welpe lernt aktiv zu werden, wenn er nicht ausreichend versorgt ist. Verspürt er Hunger oder Kälte, macht er sich bemerkbar und wird durch die Zuwendung der Mutterhündin belohnt. Ebenso versucht er selbst, durch Schieben und Kriechen der Wärme der anderen Welpen zu folgen oder die Zitzen der Mutter zu erreichen. Sein Verhalten wird auch hier belohnt. Es ist also wichtig, dass der Welpe in dieser Zeit einen wohldosierten Mangel erlebt, um selbst in Aktion zu kommen. Außerdem wird das Immunsystem angeregt. Beides zusammen fördert im weiteren Hundeleben den Umgang mit Stress und Belastungen und ist eine Grundvoraussetzung für ein langes und gesundes Hundeleben.

ÜBERGANGSPHASE (TAGE 13–21)

Die dritte Woche wird in der Kynologie als Übergangsphase bezeichnet. Hier öffnet der Welpe Augen und Ohren und tritt erstmals mit der Umwelt in Kontakt. Sein Bewegungsradius wird langsam größer und er nimmt auch Fühlung zur Mutterhündin und zu den Geschwistern auf.

Eine fürsorgliche Hündin ist der beste Start ins Leben.

SOZIALISIERUNGSPHASE (TAGE 20–84)

Diese Phase ist eine entscheidende, die sensible Phase im Hundeleben. Ihr Welpe nimmt jetzt gezielt Kontakt mit Mutter, Geschwistern und auch Menschen auf. Seine Neugier wächst in großen Schritten. In dieser Zeit werden die vielen Nervenzellen im Hundegehirn vernetzt und die Vernetzungen weiter stabilisiert. Der Welpe braucht dazu unterschiedliche Reize auf allen Informationskanälen, also taktile, olfaktorische, visuelle und akustische Reize.

AUFGABEN DES ZÜCHTERS

Ein guter Züchter bietet den Welpen in dieser Zeit auch Kontakt zu verschiedenen Wildarten. Spielend gewöhnen sich die Welpen dabei an die unterschiedlichen Gerüche und Konsistenzen. Verschiedene Untergründe und Klettermöglichkeiten fördern zusätzlich die Geschicklichkeit. Eine erste Gewöhnung an Knallgeräusche ist ebenfalls eine gute Vorarbeit, die Sie weiter ausbauen können. Neben dieser Frühförderung sind auch kleine Ausflüge ins Revier unter dem Schutz der Mutterhündin lehrreich.

Ein gut vernetztes Gehirn hilft dem Hund im weiteren Leben angemessen mit neuen Anforderungen, mit Stress, mit Lernen und der weiteren Verarbeitung von neuen Reizen umzugehen. Wichtig sind dabei vor allem positive Erfahrungen, Anforderungen, die er bewältigen und verarbeiten kann. Der Welpe sollte ein Gefühl von emotionaler Sicherheit und Kontrolle über die ihm gestellten Aufgaben haben, damit sein Selbstvertrauen gestärkt wird. Qualität und Quantität der erfahrenen Umwelteindrücke bilden quasi eine

01

02

03

04

01 Erste Autofahrt ins Revier

02 Streiten muss man lernen.

03 Geschicklichkeit und Körpergefühl schulen

04 Erster Wildkontakt

Art Referenzsystem aus, das bei allen späteren Entscheidungen herangezogen wird. Hunde, die in dieser Phase viele negative Erfahrungen machen oder öfter überfordert werden, zeigen später eventuell unangemessenes Meideverhalten in auch alltäglichen Situationen.

IHR WELPE ZIEHT EIN (AB WOCHE 8)

Mitten in der Sozialisierungsphase übernehmen Sie Ihren Welpen. Es liegt jetzt bei Ihnen, ihn ins neue Leben zu führen. Dabei sind soziale Lernprozesse (Sozialisierung) genauso wichtig wie die Gewöhnung (Habituation) an die Umweltreize des neuen Lebens. Der Zeitpunkt ist gut gewählt. In der Natur würden sich ab jetzt andere Familienmitglieder mit um die Aufzucht kümmern und auch in Erziehungsprozesse eingreifen. So lernen die Welpen jetzt Grenzen kennen, z. B. durch ein „Über-den-Fang-Greifen" oder andere Zurechtweisungen der erwachsenen Tiere, die daraufhin vom Welpen mit Bekundungen (Demut) der Akzeptanz beantwortet werden. Es ist ein wichtiger Prozess, um soziale Verhaltensweisen zu schulen. Gleichzeitig entsteht aber auch eine Partnerschaft und eine Vertrauensbasis zu den Erziehenden. Dies ist nun Ihre Aufgabe und die gegebenenfalls weiterer gut sozialisierter Hunde in Ihrem Haushalt.

SOZIALISIERUNG

Bei der Sozialisierung geht es um soziales Lernen. Hier soll der Welpe den Umgang mit Geschwistern, erwachsenen Artgenossen, aber auch Menschen und anderen Haustieren lernen. Dazu gehört, sich in allen Facetten der Kommunikation zu üben. Zum einen übt der Welpe im Spiel wichtige Verhaltensweisen, wie Kämpfen, Jagen und sexuelle Muster, zum anderen muss er auch Grenzen suchen und sich behaupten. Dazu gehört Streit genauso wie eine Bekundung der Zusammengehörigkeit. Auch ein „Wie weit kann ich es mit dem Spielpartner treiben?" wird hier im Spiel gelernt und führt zur Ausbildung der Beißhemmung. Ohne dieses Üben wird der Welpe also kein adäquates Konfliktverhalten ausbilden können. Hilfreich sind dazu gut geführte Welpengruppen und der Kontakt zu erwachsenen Hunden, die ein gutes Sozialverhalten haben.

Erwachsene Hunde als Vorbild

Der Welpe muss auch lernen, wie er mit Menschen umgehen soll. Dazu gehört, die Beißhemmung auf den Menschen zu übertragen und zu lernen, dass er Menschen bei großer Freude nicht ins Gesicht springen darf. Aber auch andere Grenzen, wie Taburäume oder an einer Tür zu warten, können jetzt schon trainiert werden. Die Beschäftigung und das gemeinsame Erleben mit dem neuen Sozialpartner und erste Trainingseinheiten fördern den Aufbau von Vertrauen und schaffen eine gute Beziehung. Bei der Habituation geht es darum, Umweltreize kennenzulernen und sie einzuordnen. Was ist gefährlich und wo macht Flucht Sinn? Welche Geräusche, Untergründe oder fühl-

„WELPENSCHUTZ" – EIN IRRTUM

Achtung! Der viel zitierte „Welpenschutz" existiert nicht! Dass Ihr Welpe Gutes aus den Hundebegegnungen lernen kann, liegt in Ihrer Verantwortung. Versichern Sie sich vor einem Kontakt, ob der Hund Welpen kennt und wie er mit ihnen umgeht. Schlechte Erfahrungen in diesem Alter sitzen tief und sind schwer wieder aufzuarbeiten.

Das Revier erkunden

Kennenlernen anderer Hundetypen

bare Erfahrungen sind „normal" und sollen keine weitere Beachtung finden?
Zeigen Sie Ihrem Welpen die Welt. Er sollte in dieser Zeit natürlich das Revier kennenlernen. Dazu gehören unterschiedliche Vegetationsformen wie Wald, Feld und Wasser. Ebenso wichtig sind aber auch städtische Bilder. Viele Menschen, verschiedene Untergründe, Treppen, Straßenverkehr und laute Geräusche in der Stadt. Überfordern Sie Ihren Welpen dabei nicht. Präsentieren Sie verschiedene Reize, um Ihrem Welpen die Möglichkeit der Verarbeitung zu geben, und unterstützen Sie seine Lösungsansätze. Zum Beispiel muss der Welpe nicht unbedingt vom Busbahnhof zur Eisenbahn und zum Flugplatz – es geht darum, laute Geräusche kennenzulernen und einen Umgang damit zu finden. Hier kann der Mensch unterstützen, Halt geben und ein Vorbild sein.

FORDERN STATT ÜBERFORDERN

Bieten Sie Ihrem Welpen immer nur angemessene Reize und überlassen Sie ihm die Geschwindigkeit der Kontaktaufnahme. Er zeigt Ihnen schon, welches Tempo für ihn das richtige ist. Daran kann er wachsen und Selbstvertrauen aufbauen.

JUVENILE PHASE (WOCHE 12 – CA. 6. MONAT)

Der Übergang in die juvenile Phase ist fließend und zieht sich bis zum Beginn der Geschlechtsreife des Hundes. Hier entwickeln sich unsere Rassen sehr unterschiedlich. Grob kann man sagen, dass kleine Hunde früher reifen als größere Hunde. In dieser Phase lernen unsere jungen Hunde schnell und leicht. Nutzen Sie diesen Zeitraum.

PUBERTÄT (5.–12. MONAT)

Ausgerechnet in dieser Phase „zwischen Größenwahn und hochsensibel", findet der Hauptteil der jagdlichen Ausbildung statt. Sie haben Ihrem jungen Hund schon vieles beigebracht und alles läuft gut. Und plötzlich geht nichts mehr. Auf der anderen Seite entwickelt er jetzt ernsthaftes Jagdverhalten. Bleiben Sie gelassen, das ist normal. Jetzt dranbleiben, Ruhe bewahren und nicht aufgeben. Die Pubertät wird als zweite sensible Phase bezeichnet. Hierhinein fällt auch die Ge-

Mit allen Sinnen lernen

Ausflüge in unterschiedliche Reviere

schlechtsreife des Hundes, die aber mit dem psychischen Erwachsenwerden, der Adoleszenzphase, noch nichts zu tun hat. Generell kann man sagen, dass kleine Hunderassen früher in die Pubertät eintreten als großrahmige Rassen und auch schneller mit dem Gröbsten durch sind. Vertreter großer Rassen brauchen deutlich länger, zum Teil sogar drei bis vier Jahre, bis der Hund auch psychisch erwachsen ist.

Die Pubertät beginnt mit der Bereitschaft des Organismus zur Fortpflanzung. Dies ist unter anderem abhängig von der körperlichen und psychischen Verfassung des Hundes. Das relativ große Zeitfenster für den Beginn entsteht durch unterschiedliche Entwicklungsabläufe, die sowohl rassebedingt als auch individuell variieren können.

Der Anstieg der Geschlechtshormone ist nur der Anfang und gleichzeitig auch der Auslöser für die Ausschüttung weiterer Hormone. Wachstumshormone lösen weitere Prozesse aus, Funktion und Wirkung des Herz-Kreislauf-Systems und der Muskulatur sowie die Muskelsteuerung verändern sich: Der Körper wird effektiver.

☞ ENTWICKLUNGSPHASE DES WELPEN

BEZEICHNUNG	ALTER
Neonatale Phase	Ab Geburt bis 12. Tag
Übergangsphase	13. bis 21. Tag
Sozialisierungsphase	20. bis 84. Tag
Juvenile Phase	12. Woche bis 6. Monat (fallweise noch später)

Quellen: Sophie Strodtbeck: Hilfe, mein Hund ist in der Pubertät (GU 2013); Udo Gansloßer: Ein guter Start ins Hundeleben (Müller Rüschlikon 2014); Ádám Miklósi: Hunde (Kosmos 2011)

Innerartliche Auseinandersetzungen müssen geübt werden.

„WEGEN UMBAU GESCHLOSSEN!"

In dieser Phase wird auch des Hundegehirn neu strukturiert. In dieser Zeit gleicht es jedoch erst mal einer Großbaustelle. Auf den ersten Blick wirkt alles ausgesprochen unübersichtlich. An verschiedenen Stellen wird gebaut und erst mit der Zeit ist das große Ganze zu erkennen.

Der Umbau erfolgt nach dem Grundsatz: „Use it or lose it!" Alle bestehenden Vernetzungen werden in dieser Zeit auf Aktivität geprüft und wenig genutzte Verbindungen werden schwächer oder gehen ganz verloren. Genauso, wie ein Trampelpfad wieder zuwächst, wenn er wenig oder gar nicht benutzt wird, und ein stark frequentierter Pfad zum Weg wird.

Nehmen Sie diese Phase nicht persönlich – der Hund kann nicht anders. Nur das, was jetzt weiter von Ihnen und dem Umfeld des Hundes gefordert und angesprochen wird, bleibt weiter aktiv und wird damit gefestigt.

SIE – FELS IN DER BRANDUNG

Bleiben Sie die Konstante, während es bei Ihrem Hund emotional auf und ab geht. Heute hebt der Rüde schon das Bein, morgen sitzt er noch mal beim Nässen. Da er selbst großen Gefühlschwankungen unterworfen ist, hilft eine ruhige, sichere und verlässliche Führung von Ihrer Seite. Wiederholen Sie geduldig das bereits Gelernte. Bestehen Sie auf Regeln und versuchen Sie, dabei ruhig und klar zu bleiben. Eventuell müssen Sie Befehle noch mal durchsetzen, damit der Hund sein Verhalten festigen kann.

INTERESSENSVERLAGERUNG

Durch den Umbau gehen auch Synapsen im Belohnungssystem verloren. Das führt zu einer Umschichtung von Interessen. Der Hund sucht höhere Reize, um überhaupt Belohnung zu erfahren. Kein Wunder, dass jetzt für ihn so hoch erregende Themen wie Sexualität und Jagen einen großen Stellenwert bekommen. Es liegt an Ihnen, diese Erfahrungen im Rahmen zu halten. Es geht hierbei nicht darum, diese Interessen zu unterbinden, sondern einen adäquaten Umgang damit zu finden. Ihr Hund muss lernen, trotz dieser Reize ansprechbar und lenkbar zu bleiben. Vielleicht geht er in dieser Zeit noch mal an der Schleppleine, um nicht zu viele Alleingänge im Jagen zu erleben, damit Sie beim Durchsetzen von jagdlichen Abbrüchen auch eine Chance haben.

LERNEN FÄLLT SCHWER

Im gesamten Prozess des Umbaus steigt zusätzlich der Stresshormonspiegel. Unter Stress werden Reize anders wahrgenommen und verarbeitet, die Frustrationstoleranz ist deutlich niedriger und ein Lernen damit erheblich schwieriger. Wiederholen Sie, bauen Sie Frustrationsübungen ein und schaffen Sie Ihrem Hund einen Rahmen, in dem er lernen kann.

PUBERTÄT UND UMGANGSFORMEN

Achtung: In der Pubertätsphase des Hundes werden wir schnell lauter, um beachtet zu werden, oder fangen an, Kommandos zu wiederholen. Hier sind Selbstdisziplin und Ruhe gefragt. Der Hund muss noch einmal lernen, dass ein Kommando gilt und nicht überhört werden darf. Gehen Sie lieber ein paar Lernschritte zurück und wiederholen Sie Übungen. Es lohnt sich. Eine weitere Gefahr lauert in der scheinbaren „Gefühllosigkeit" pubertierender Hunde: Körperliche Unterbrechungen scheinen gar nicht anzukommen. Auch hier besteht die Gefahr, dass der Mensch stärker in seinen Unterbrechungen wird und es zu einer Gewöhnung auf beiden Seiten kommt. Behalten Sie im Blick, wie Sie später miteinander umgehen wollen – jetzt legen Sie den Grundstein dafür. Anstelle einer Intensivierung einer Unterbrechung können Sie auch Beharrlichkeit ausprobieren. Dranbleiben und „Nerven" sind mitunter eine gute Alternative. Überprüfen Sie sich selbst und bleiben Sie variabel, aber konsequent in Ihren Ansagen.

Die Themen verändern sich. Sexualität und Jagdverhalten werden wichtig.

Körper und Geist entwickeln sich.

Spielerisches Kennenlernen des Elements Wasser

Durch den Umbau im Frontalhirn sind die stabilisierenden Hirnstrukturen weniger aktiv, deshalb können sich schneller Ängste entwickeln, aber auch aggressives Verhalten kann sich einschleichen und wird eventuell noch bestätigt. Sollte das verstärkt auftreten, sind Sie gefragt: Sie müssen gegensteuern, bevor sich das unerwünschte Verhalten etabliert.

Die Hunde sind in dieser Zeit teils grobmotorisch und unklar im Ausdruck. Sie sind also sozial schwer zu lesen, und das kann gehäuft zu Auseinandersetzungen führen. Achten Sie auf einen ausgewogenen Kontakt und insbesondere darauf, dass soziale Regeln eingehalten werden. Hilfreich ist dabei ein Kontakt zu Hunden verschiedener Altersgruppen, sodass Ihr Junghund einem älteren, erfahrenen Hund Respekt (Demut) zeigen muss, aber auch mal der Große sein kann und sich mit Gleichgesinnten messen darf.

PUBERTÄT BEGINNT IM KOPF

Die Veränderungen finden unter anderem auf struktureller und funktionaler Ebene im Frontalhirn und dem Motivationssystem statt. Durch die Umwandlung von sogenannter grauer Substanz in weiße Substanz (Myelinisierung) erhält das Gehirn schnellere Nervenverbindungen und steigert letztendlich seine Leitungsgeschwindigkeit. Es braucht weniger Energie, erlangt eine höhere Effizienz (z. B. beim Lösen von Problemen) und wird weniger fehleranfällig in der Informationsübertragung.

Der Startschuss für die Pubertät wird im Gehirn gegeben. Durch eine gesteigerte Aktivität des Hypothalamus wird über die Hypophyse ein hormonelles Signal gesendet. Dies ist unter anderem der Auslöser für eine erhöhte Produktion von Geschlechtshormonen und den Umbau des Frontalhirns. Dieser Teil des Gehirns ist für motorische Funktionen, für Körpersprache, für exekutive Funktionen, aber auch für die Steuerung des Sozialverhaltens (Empathie, Verständnis sozialer Regeln) verantwortlich. Dabei verbessert sich zuerst die Körperbeherrschung, dann die körpersprachlichen Kompetenzen und dann die exekutiven Fähigkeiten. Zuletzt reifen die sozialen Fähigkeiten. Durch den Umbauprozess werden die Strukturen nacheinander in ihrer Funktionsfähigkeit umgewandelt. Während des Umbauprozesses dieser Strukturen sind die Fähigkeiten selbst jedoch eingeschränkt. Kein Wunder also, dass der pubertierende Hund ungelenk ist, sozial teilweise schwer lesbar ist, Streit provoziert und dabei Stimmungsschwankungen ausgeliefert ist, die ihn mal ängstlich unsicher und mal viel zu stark reagieren lassen.

PERSÖNLICHKEIT

„Alle Menschen sind gleich!", oder nicht? Nein! Wir sind stolz darauf, eine einzigartige Persönlichkeit zu haben. Groß sind die Unterschiede auch bei den Hunden, und es ist wichtig, das Training individuell auf den jeweiligen Hund abzustimmen.

Bei uns Menschen äußern sich die großen Unterschiede zwischen den einzelnen Charakteren unter anderem darin, dass wir unterschiedlich lernen, uns über verschiedene Dinge freuen, unordentlich, kreativ oder gewissenhaft sind. Manche tun alles, um zu gefallen, andere sind Einzelkämpfer und genügen sich selbst. Vergleichbar drückt sich die Individualität der Hunde auch in diesen Punkten aus. Entscheidend ist daher die Frage: Was braucht welcher Hund, um gut zu lernen und sich gut zu entwickeln?

EIGENSCHAFTEN, ZUCHT UND RASSE

Ein Beispiel aus der Praxis: Möchte ich ein „Nein" trainieren und erreichen, dass der Hund bei diesem Hörzeichen ein dargebotenes Leckerli verschmäht, wird das sehr unterschiedlich aussehen. Bei dem einen Hund wird es reichen, ein auf der offenen Handfläche gereichtes Leckerli durch Schließen der Hand unter Hemmung zu stellen. Ein anderer Hund wird erst nach einer körperlichen Einwirkung eine Hemmung zeigen. Der eine Hund braucht nur ein paar Wiederholungen dieser Übung, damit er das „Nein" akzeptiert. Ein anderer wird alles Mögliche versuchen, um doch noch an das Leckerchen zu kommen. Schon bei einer einzigen Übung zeigen verschiedene Hunde sehr unterschiedliche Reaktionen und verraten ein bisschen über sich selbst.

INDIVIDUELLE ABSTIMMUNG AUF DEN HUND

Es ist wichtig, Ihren Hund zu erkennen und die Übungen bzw. die Erziehung im Weiteren auf ihn abzustimmen. Vergreife ich mich z. B. immer wieder in der Intensität einer Unterbrechung, wird das Auswirkungen auf den Hund haben. Seine Wahrnehmung der Situation hat mit seiner Persönlichkeit zu tun. Die Reaktionen können deshalb sehr unterschiedlich sein. So zeigt sich eventuell Unsicherheit, ein Ausweichen oder es kann zum Abstumpfen oder zur Rebellion führen. Vielleicht ist der Hund auch frustriert, weil er gern alles richtig machen möchte und ein Lob ausbleibt.

Weiter ist es wichtig, offen zu bleiben und Veränderungen wahrzunehmen. Gerade Ihr

---

DEFINITION: PERSÖNLICHKEIT

„Persönlichkeit repräsentiert jene Charakteristika eines erwachsenen Individuums, die konsistente Muster von Fühlen, Denken und Verhalten beschreiben und begründen."

Ádám Miklósi: Hunde (Kosmos 2011)

Wildschärfe und Sensibilität widersprechen sich nicht.

junger Hund macht verschiedene sensible Phasen durch, in denen kleine Ereignisse große Spuren hinterlassen können. Und nur, weil einer als Welpe frech und vorlaut war, muss das nicht so bleiben. Genauso kann sich ein schüchterner, zurückhaltender Hund zum Macho entwickeln.

ZUCHT ENTWICKELT TYPEN

Teilweise können wir die Züge einer Persönlichkeit schon erahnen, wenn wir uns für eine bestimmte Rasse entscheiden. Durch das Züchten von Spezialisten haben sich verschiedene Typen entwickelt. Um einen Job besonders gut zu machen, braucht es teilweise Eigenschaften, die sich in der Persönlichkeit widerspiegeln. Dennoch braucht es immer mehrere Eigenschaften, und das macht jeden Hund wieder einzigartig und sehr persönlich.
Ein Terrier z. B., der aus dem Stand im Fuchsbau aktiv werden soll, muss schnell allein entscheiden, soll mutig vorwärtsgehen und zur Not auch kämpfen. Mit diesem Selbstbild und einer hohen Erregbarkeit marschiert der kleine Kerl aber auch sonst durch die Welt. Ein Hundeführer, der sich vor Auseinandersetzungen scheut, wird eher keinen Spaß mit diesem Hund haben. Ein anderes Beispiel, der Labrador: Bei ihm ist der „Will to please", der Wunsch zu gefallen, gewünscht. Auf der anderen Seite sind diese Hunde oft schon anstrengend „freundlich fordernd" zu Artgenossen und Menschen.

GEZIELTE „NACHHILFE"

Mit anderen Worten kann ich mir meinen Spezialisten aussuchen, und damit auch das Thema, das diese Hochbegabung mit sich bringt. Es geht darum zu erkennen, bei welchen Themen Sie bei Ihrem Hund in der Erziehung genauer hinschauen sollten. Das, was Ihr Hund als Begabung mitbringt, muss selten extra gefördert werden. Was er nicht so gut kann, ist aber vielleicht auch wichtig und muss besonders geübt werden. Bei Schulkindern würden wir Nachhilfe auch dort geben, wo das Talent nicht so ausgeprägt ist. Beobachten Sie Ihren Hund und machen Sie sich ein Bild von seiner momentanen Persönlichkeit, da sich die Persönlichkeit zwischen Geburt und Erwachsensein entwickelt.

PERSÖNLICHKEITS-TYPEN

Die Medizin ist die Urmutter der Persönlichkeitsforschung. Schon Hippokrates hat versucht, Menschen zu erfassen und einzuordnen. Aufgrund der Forschung über verschiedene Säfte (Blut, Schleim, Galle) unterschied er vier Typen des Menschen: den Sanguiniker, den Phlegmatiker, den Choleriker und den Melancholiker. Dieses Modell wurde von anderen Modellen abgelöst und die Forschung der Medizin und der Psychologie über die Jahrhunderte verfeinert.

DIE „BIG FIVE“

Heute gibt es verschiedene Modelle, Persönlichkeit fassbar zu machen. Als eines der Führenden hat sich das der „Big Five“ durchgesetzt. Die Daten für dieses Modell werden im Humanbereich über einen ausführlichen Fragebogen erhoben. Auf fünf Ebenen, die nebeneinander betrachtet werden, lässt sich eine Persönlichkeit gut darstellen. Dazu bewegen wir uns in jeder Ebene wie mit einem Schieber zwischen den konträren Enden. Dabei stehen die Begrifflichkeiten der Ebenen niemals als wertende Aussage! Es sind die Versuche einer objektiven Beschreibung. Diese Ebenen sind (vgl. hierzu auch Abb. 1):

1. Emotionalität/Inneres Erleben: Stabilität oder Labilität
2. Ausdruck/Haltung: Extraversion/Nähe oder Introversion/Distanz
3. Verträglichkeit: Kooperation/Freundlichkeit oder Konkurrenz/Misstrauen
4. Offenheit/Außenwelt: Wandel/Wechsel oder Statik/Beständigkeit
5. Gewissenhaftigkeit/Umgang mit Regeln: zuverlässig/geordnet oder spontan/ungenau

Die „Big Five“ lassen sich auch gut auf Hunde übertragen. Dabei ist zu beachten, dass es nicht um eine Wertung geht. Begriffe wie stabil und labil z. B. beschreiben dabei lediglich den Ausdruck des inneren Erlebens.

Hunde sind über die Jahrhunderte so gezüchtet, dass sie mit uns zusammenarbeiten wollen. Dazu gehört, dass es dem Hund guttut, bei seinem Menschen zu wohnen und mit ihm zu arbeiten. Er soll sich leicht erziehen lassen. Oder haben Sie schon von einem Hund gehört, der seine Sachen packt und auszieht, um eine Familie zu gründen? Es ist doch merkwürdig, dass Hunde freiwillig bei uns bleiben.

Ein Hund, der absolut stabil wäre, ist nicht oder nur sehr schwer zu erziehen. Hunde, die nicht bestechlich sein sollen und auf sich allein gestellt sind, wie z. B. Herdenschutzhunde, die allein mit ihren Herden in den Bergen leben, sind eher stabil. Sie lassen sich nicht so schnell aus der Ruhe bringen. Dennoch pflegen auch Herdenschutzhunde den Kontakt zu den Schafen und wollen nicht ganz allein sein.

Alle Lebewesen, die gern in Gruppen leben, müssen ein Gefühl von „Zusammen sind wir mehr“ haben. Wir bewegen uns daher bei Hunden auf einer Skala von labil bis eher stabil.

Hunde warten unterschiedlich.

EINSCHÄTZUNG UND EINORDNUNG

Für solch eine Einschätzung des eigenen Hundes benötigen wir Daten. Dazu können Sie sich unterschiedlicher Kanäle bedienen. Zunächst können Sie Verhaltensbeobachtungen aus der Ethologie nutzen. In unterschiedlichen Situationen wird Ihr Hund teils ähnlich reagieren, und mit der Zeit bekommen Sie ein Bild, wie er wann reagiert. Hinzu kommen körperliche Informationen, die Sie beobachten und auch fühlen können. Vertrauen Sie bei einer Einschätzung auch auf Ihre Intuition. Sie haben Ihren Hund schon kennengelernt.

Bei den Beobachtungen ist noch zu erwähnen, dass ein Mittelwert aus unterschiedlichen Beobachtungen einen sogenannten Referenzwert ergibt. Mit jeder neuen Beobachtung können Sie den Schieber auf den Achsen nachjustieren und mit der Zeit erhalten Sie ein gutes Bild.

Zum besseren Verständnis ein paar Beobachtungen, die Ihnen bei einer Einschätzung helfen können.

1. Emotionalität/Inneres Erleben: Stabilität oder Labilität Steht Ihr Hund stabil und fest auf dem Boden oder ist er eher leichtfüßig? Zuckt er schnell zusammen oder steht er wie ein Fels in der Brandung? Wie sieht er aus, wenn Sie ihn in einer neuen Situation anbinden und ein paar Meter weggehen? Sieht er eher verloren aus oder ist er entspannt und macht es sich gemütlich und beachtet Ihr Weggehen vielleicht gar nicht? Wie fasst er sich an? Fest und standhaft oder ist er weich und sensibel unter Ihrer streichelnden Hand?

2. Ausdruck/Haltung: Extraversion/Nähe oder Introversion/Distanz Wie verhält sich Ihr Hund unter Artgenossen? Muss er jeden anderen Hund begrüßen und ist er in jeder Spielrunde mittenmang oder ist er eher verhalten und begrüßt Artgenossen zurückhaltend? Ist er immer dabei, wenn was los ist, oder beschäftigt er sich auch gut allein? Lernt er schnell durch Zuschauen oder ist er der Macher?

3. Verträglichkeit: Kooperation/Freundlichkeit oder Konkurrenz/Misstrauen Arbeitet Ihr Hund gern mit Menschen zusammen? Wie geht er auf neue Lernsituationen zu: Eher aufgeschlossen und etwas Gutes erwartend, oder braucht er eher Zeit, um zu verstehen, dass ein Job auch für ihn Vorteile hat? Sieht er eher das halb leere oder das halbvolle Glas?

4. Offenheit/Außenwelt: Wandel/Wechsel oder Statik/Beständigkeit Hat Ihr Hund eigene Problemlösungen? Und wenn ja, wie viele? Gibt er schnell auf, wenn er z. B. an Futter nicht rankommt, oder hat er Spaß daran, alles Mögliche zu probieren? Wie verhält er sich in neuen Umgebungen? Hat er Spaß, wechselnde Orte kennenzulernen, oder ist er lieber in bekanntem Gebiet unterwegs? Haben Sie schon mal seinen Liegeplatz verlegt? War er da fassungslos und unruhig oder war es ihm egal und fand er es eher interessant, den neuen Ort zu erkunden? Ist er also eher ein Wild- oder ein Dauercamper?

5. Gewissenhaftigkeit/Umgang mit Regeln: zuverlässig/geordnet oder spontan/ungenau Wie zuverlässig führt Ihr Hund Befehle aus? Haben Sie das Gefühl, dass er dabei sehr akkurat ist und das gern macht, oder erfüllt er eher nur die Pflicht? Macht es ihm vielleicht sogar Spaß, zu widersprechen und auszutesten, was Sie tun, wenn er den Befehl nicht ausführt?

So weit erst mal eine kleine Einführung in dieses spannende und große Thema. Denken wir weiter, wird klar, dass für bestimmte Jagdarten die eine Persönlichkeiten besser geeignet ist als eine andere. Wer braucht was, um besonders gut in seinem Job zu sein?

BEISPIEL SCHWEISSHUND

Nehmen wir als Beispiel einen Schweißspezialisten. Er soll sicher führen, sich dabei nicht ablenken lassen und sich im Gegenteil

sogar durchsetzen, wenn er richtig auf der Fährte ist. Stößt er auf krankes Wild, muss er es gegebenenfalls halten und abtun. Dabei darf er möglichst keine zu große Selbstgefährdung riskieren: Kopfloses Arbeiten würde sein Leben ständig gefährden.
Wie ist daher idealerweise ein Schweißhund „gestrickt", der im Job richtig gut ist?

— Er ist eher stabil und nichts bringt ihn so leicht aus der Fassung.
— Er ist eher introvertiert, denn dann lässt er sich weniger ablenken.
— Oft sind Schweißhunde kooperativ mit ihrem Führer. Fremden gegenüber hegen sie jedoch gern gewisses Misstrauen. Letzteres ist auch in ihrem Job gut: lieber zweifeln und sich noch mal vergewissern. Und auch nicht einfach in jeden Busch kriechen, sondern auf einen Angriff vorbereitet sein.
— Ob Wild- oder Dauercamper, ist für den Job nicht so wichtig. Der Dauercamper liebt sein Ritual, der Wildcamper hat Spaß, wenn die Spur abenteuerlich verläuft.
— Idealerweise ist er gewissenhaft: ein kleiner Beamter, der in seinem Job aufgeht.

BEISPIEL RETRIEVER

Betrachten wir jetzt den Apportierspezialisten. Wie wäre das, wenn er misstrauisch/konkurrierend und rebellisch wäre? Dann hätte er sicher keinen „Will to please". Was heißt das aber nun in der Praxis? Hier ein paar Beispiele:

Hund 1 – „Erle"

Beschreibung Erle ist eine aufmerksame und zurückhaltende Hündin. Im Haushalt ist sie angenehm und unauffällig, fast umsichtig. Kinder können mit ihr spielen und toben, es scheint, als würde sie „vorsichtig" mit ihnen umgehen. In neuen Situationen beobachtet Erle gern und orientiert sich an ihren Menschen. An der Leine gehen musste man kaum üben, sie hat es schnell verstanden, und es scheint ihr zu gefallen. Sie ist verträglich mit

Ruhe am Stück kann jede Persönlichkeit von Hund lernen.

Artgenossen und spielt gern und ausgelassen mit ihr bekannten Hunden. Jagdlich entwickelt sie sich gut, zeigt Ausdauer und hat einen „Will to please". Sie ist ein fleißiger Hund und zeigt auch auf Distanz eine gute Führigkeit. Sie sucht oft Blickkontakt und sie freut sich sehr über Zuspruch und Lob ihres Hundeführers.

Einschätzung der Persönlichkeit Erle scheint kooperativ zu sein. Sie möchte gefallen und sucht den Kontakt zu ihrem Menschen von sich aus. Sie scheint eher introvertiert, muss nicht im Mittelpunkt stehen. Sie wirkt angepasst und zuverlässig. In neuen Situationen ist sie vielleicht unsicher und traut sich allein nicht so viel zu.

Fazit In der Ausbildung ist Erle ein leichtführiger Hund, der seinem Menschen viel anbieten wird. Führt man sie in Ruhe an neue Aufgabenbereiche, wird sie diese Arbeiten später zuverlässig und willig ausführen. Damit Erle auch allein in neuen Situationen zuverlässig arbeiten kann, ist es hilfreich, ihr Selbstvertrauen zu stärken. Gute Erfahrungen wären hier Übungen, die sie selbstständig erfolgreich absolviert:

— Schweißarbeit: Erle führt, trifft Entscheidungen und bringt ihren Menschen zum Erfolg.

— Beute machen lassen: oft greifen oder im Spiel gewinnen lassen. Das kann auch an der Reizangel versucht werden.
— Stolzes Tragen: Beim Tragen größerer Apportl richtet sich der Hund auf, dieses Formen des Körpers wirkt auf das Gemüt (groß fühlen, kinästhetisches Lernen!).
— Suche: selbstständiges Finden von Futter oder Apportln (Distanz langsam steigern).

Hund 2 – „Arko", 7 Monate

Beschreibung Arko ist ein kräftiger, munterer Hund. Er weiß, was er will. Als Welpe hat er schon versucht, sein Futter zu behaupten, und Spielzeuge verteidigt. Er begleitet seine Menschen aufmerksam und neugierig, verliert sich aber auch gern im Spiel oder auf Spaziergängen. Angst scheint er nicht zu kennen. Wenn er etwas nicht einordnen kann, bleibt er lange interessiert und muss herausfinden, was es ist. An-der-Leine-Gehen hat er verstanden, versucht aber immer wieder, eigene Ideen umzusetzen. Dabei ist er sehr hartnäckig. Mit anderen Hunden spielt er gern und ist sehr kontaktfreudig. Rauf- und Rennspiele bereiten ihm viel Spaß. Aber er kann sich auch gut allein beschäftigen, obwohl andere Hunde dabei sind.
Jagdlich zeigt er sich mutig und offen für Neues. Er versteht die gestellten Aufgaben schnell und zeigt jetzt schon einen ausgeprägten Finderwillen. Er ist ehrgeizig und lernt oft schon durch das reine Zuschauen. Sein erster Kontakt mit Raubwild war beeindruckend. Dabei ist er kein Draufgänger, kann aber einstecken.

Einschätzung der Persönlichkeit Arko scheint stabil zu werden. Er weiß, was er will, und kann Entscheidungen treffen. Er scheint mit dem Menschen zu kooperieren. Muss er aber nicht. Er wirkt eher extravertiert und ist interessiert an Neuem. Dabei zeigt er sich ehrgeizig in Problemlöseverhalten. (Früher hätte man von einem „Kopfhund" gesprochen.)

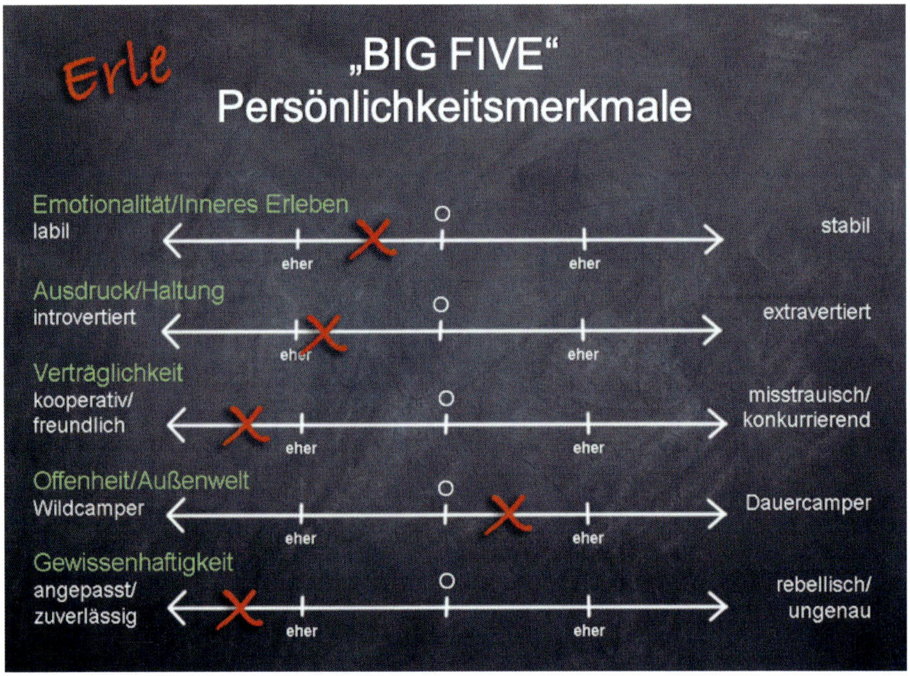

Schematische Darstellung der Einschätzung von Erle

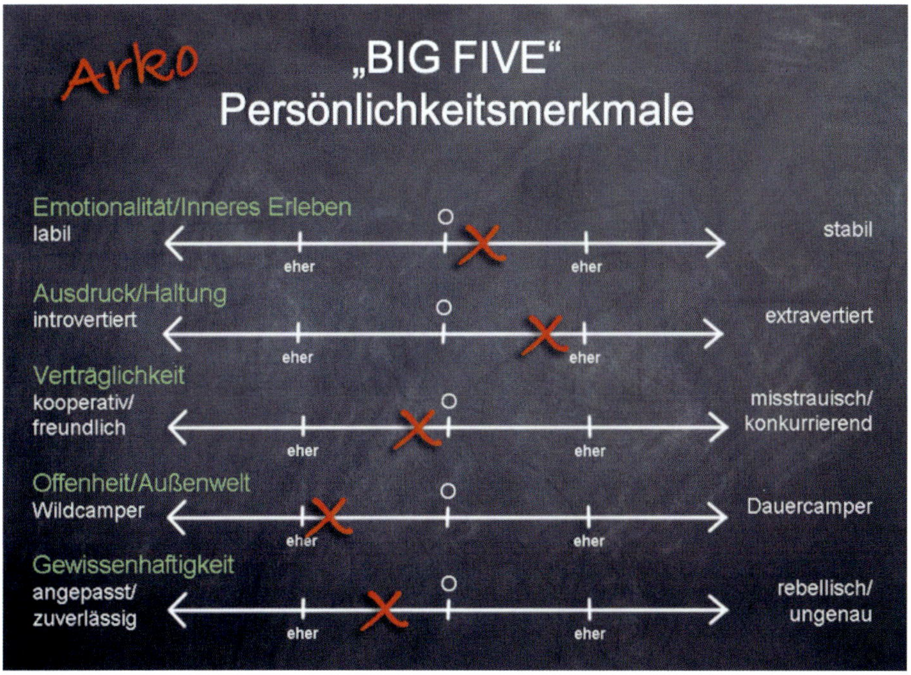

Schematische Darstellung der Einschätzung von Arko

Fazit Arko scheint stabil mit guten jagdlichen Eigenschaften zu sein. Seine Kooperationsfähigkeit sollte gefördert werden, um gemeinsames Erleben in den Vordergrund zu stellen. Bei Arko ist wichtig, den Kopf zu gewinnen, damit er mit oder neben dem Menschen ein starker Hund sein kann. Wenn bei Arko zu viel Diskussion und Kleinhalten erfolgt, zieht er sich vielleicht eher zurück und wird zum Alleingänger. Dann würde er Lücken suchen und seinen Ehrgeiz für sich selbst einsetzen. Gute Lernerfahrungen wären: Viel Kooperation mit dem Hund, nach dem Motto: „Arbeite mit mir zusammen, dann darfst du …“

- Tauschgeschäfte: Es muss sich oft lohnen, etwas herzugeben.
- Hund ernst nehmen und ihn groß lassen: Dazu gehört, auch selbst groß zu sein.
- Klickern kann die Kooperation fördern.

Hund 3 – „Enzo“, 13 Monate

Beschreibung Enzo ist ein sehr temperamentvoller und sensibler Rüde. Er lernt schnell und eifrig. Im Haus ist er meist unauffällig, es sei denn, er fühlt sich angesprochen. Dann überschlägt er sich oft vor Freude. Bei Reviergang ist er stets ansprechbar und sehr gehorsam. Auf körperliche Eingrenzung reagiert er mit Abwehr. Mit Ruhe und durch Lob lässt er sich aber von allem überzeugen. Er denkt mit und versucht zu gefallen, dabei zeigt er oft vorauseilenden Gehorsam. An der Leine läuft er angenehm und springt, falls einmal kurz unaufmerksam, in die Fußposition zurück. Er scheint zu spüren, was der Hundeführer denkt. Mit anderen Hunden spielt und tobt er gern und ausdauernd. Dabei verliert er seinen Hundeführer nicht aus den Augen. Im jagdlichen Bereich lernt er schnell. Neue Aufgaben versteht er rasch und führt sie dann akkurat aus. Dabei ist er oft schneller als sein Hundeführer.

Einschätzung der Persönlichkeit Enzo ist ein freundlicher Hund, der den engen Kontakt zu seinem Hundeführer sucht. Er ist der Außenwelt gegenüber aufgeschlossen und geht mutig auf Neues zu. Er ist sehr kooperativ.

Zwei Persönlichkeiten bilden ein Team.

Arbeitet gewissenhaft, scheint eher angepasst. Körperlichen Begrenzungen fallen ihm schwer. Zu prüfen ist, ob er die Ruhe und Statik nicht erträgt oder ob er ein Halten als Korrektur versteht und dabei hilflos wird.

Fazit Enzo bindet sich an den Menschen und arbeitet gut mit. Da er Einschränkungen mit Dynamik beantwortet, ist es wichtig, dass er mehr Frustrationstoleranz lernt. Aushalten und Abwarten werden wichtige Lernschritte für ihn sein. Er muss Ruhe und Gelassenheit lernen, da er zurzeit eher unsicher wird, wenn er nicht gefallen kann. Die Arbeit wird dadurch unsauber. Gute Lernerfahrungen wären:

1. Frustrationstoleranz ausbauen – auch im Alltag Übungen finden
2. Anfassen und Festhalten üben
3. Eigenständigkeit belohnen, z. B. durch Futterschleppen
4. Ausgelegte Beute finden lassen (Apportl, Wild)

SINN UND ZWECK

Und was machen wir nun mit diesem Wissen? Schätzen Sie Ihren Hund ein! Wie in unseren Beispielen gezeigt, wird Ihnen dann klarer, wie er so tickt und warum die eine oder andere Technik bei Ihrem Hund nicht so gut ankommt. Einen Hund, der eher labil und dabei sehr kooperativ ist, können Sie z. B. über Lob und mit Verstärkung zu Höchstleistungen bewegen. Zu viel Druck oder Härte verunsichert diesen Hund. Er wird schneller einbrechen und sich nicht mehr viel zutrauen.

Ein stabiler Hund wird Härte vielleicht besser wegstecken. Er geht dabei aber eventuell auf mehr Abstand, schottet sich ab. Das kann zu einer Spirale von Druck und immer schlechterer Leistung führen. Hier ist es viel geschickter, eher auf Kooperation zu setzen, um den Hund im Kopf zu gewinnen.

Eine Einschätzung der Persönlichkeit Ihres Hundes hilft Ihnen also, ein besseres Gefühl für den Vierläufer zu bekommen und auch besser zu verstehen, wo Sie vielleicht mal ein Auge zudrücken können und wo Sie dranbleiben müssen.

HUND UND MENSCH – ZWEI PERSÖNLICHKEITEN!

Das war die eine Seite – der Hund. Und was ist mit Ihnen selbst? Sie haben auch eine Persönlichkeit. Haben Sie sich schon erkannt? Im eigenen Fall ist das oft schwierig, deshalb gibt es auch professionell entwickelte Fragebögen, die eine Beeinflussung des Ergebnisses durch langes Nachdenken verhindern sollen. Klar ist jedoch, dass bestimmte Persönlichkeiten mit anderen nicht gut harmonieren. Dies kann in Beziehungen zu Schwierigkeiten führen. In Partnerschaften ebenso wie in Mensch-Hund-Beziehungen.

LERNVERHALTEN

In der Erziehung und Ausbildung unserer Hunde nutzen wir verschiedene Lernformen. Manche werden bewusst angesteuert, andere finden versteckt statt. Wissen Sie genau, was Ihr Hund gerade lernen soll, können Sie eine passende Lernform wählen oder dem Hund eine passende Lernsituation anbieten.

FORMEN DES LERNENS

Klassische Konditionierung oder doch lieber Lernen durch „Versuch und Irrtum"? Macht es Sinn, den Hund zu bestrafen, und was lernt er latent mit? Die Beantwortung solcher Fragen verlangt eine gewisse Kenntnis der verschiedenen Formen des Lernens. Um einen Überblick zu bekommen, stellen wir die wichtigsten Lernformen zusammen und erläutern sie. Wir verstehen Lernen in diesem Buch als Verhaltensänderung aufgrund von Erfahrungen. Dazu nutzen wir unterschiedliche Lernformen. Per Definition sind diese klar abzugrenzen, im echten Leben treten Sie jedoch oft in Mischformen oder als Zusammenspiel auf. Zu den Lernformen gehören z.B.:

- Soziales Lernen
- Latentes Lernen
- Assoziatives Lernen
- Prozedurales Lernen

Dazu kommt das unser Gehirn parallel auch noch andere Dinge abspeichert. Dazu gehören Vorgänge von z.B.

- Motorisches Lernen
- Beobachtungslernen (z.B. auch Lernen durch Observation)

Soziales Lernen ist Lernen von sozialer und emotionaler Kompetenz. Angeborene Verhaltensmuster werden hierbei durch Lernprozesse verfeinert. Dieses Lernen erfolgt beim jungen Hund vor allem im Rahmen von Spielverhalten. Dazu gehören die Beißhemmung, wichtige Verhaltensketten wie das Jagen oder Sexualverhalten und die feinen Strukturen der innerartlichen Kommunikation.

Latentes Lernen bedeutet, dass der ursprüngliche Lernprozess zunächst unentdeckt (latent) bleibt und erst später in Erscheinung tritt – wenn nämlich die richtige Art von Motivation im richtigen Ausmaß eine angemessene Leistung ans Licht bringt.

Motorisches/kinästhetisches Lernen findet statt, wenn motorische Leistungen durch

Der Hund hat das sichere Abliegen gelernt.

Übung, also wiederholte Ausführung von Bewegungsmustern, verbessert werden. Dabei kann auch eine zunächst passiv, aufgrund des Muskelgedächtnisses ausgeführte Handlung anschließend auch aktiv korrekt ausgeführt werden. Im Sport wird diese Lernform gern verwendet. Der Tennislehrer, der den Arm des Lernenden führt, ist ein gutes Beispiel. Das Muskelgedächtnis speichert die Bewegung und kann den Schwung später wieder abrufen und damit den Bewegungsablauf verbessern. Bei Hunden kann diese Lernform bei außergewöhnlichen Kunststücken eingesetzt werden, zum Beispiel beim Handstand. Meist fördert man den Lernfortschritt durch eine zusätzliche Belohnung.

Beobachtungslernen (Lernen durch Observation) ermöglicht es den Lebewesen, ihre erlernten Verhaltensweisen an die nachfolgende Generation weiterzugeben. Dadurch werden erworbene Verhaltensmuster in einer Gruppe bewahrt und Lernkapazitäten zum Erwerb neuer Verhaltensweisen freigehalten. Dadurch konnten sich Arten ständig weiterentwickeln. Kommt ein Welpe in Ihren Haushalt und lebt dort schon ein erwachsener Hund, können Sie diese Lernform gut beobachten. Der Kleine wird dem Großen vieles nachahmen und ihn imitieren.

ASSOZIATIVES LERNEN

Hier unterscheiden wir zwischen klassischer und operanten Konditionierung:

KLASSISCHE KONDITIONIERUNG

Berühmt ist die Geschichte vom pawlowschen Hund. Bei seinen Versuchen beobachtete der russische Physiologe Iwan P. Pawlow, dass Reize, wie z. B. ein Glockenton, unter bestimmten Bedingungen zu reizuntypischen Reaktionen seiner Hunde führten. Im Versuchsaufbau wurde dem Hund durch einen Glockenton die Fütterung angekündigt.

Was gibt es da? Lernen durch Observation.

Einsatz des Klickers bei der Jagdhundausbildung – eine Form der klassischen Konditionierung

Nach mehrmaligem Wiederholen stellte Pawlow fest, dass der Hund schon beim alleinigen Glockenton Speichel absonderte. Der Reiz „Glockenton" löste hier über Wiederholungen eine bedingte (gelernte) Reaktion aus. Genau diesen Prozess nutzen wir bei der Arbeit mit dem Klicker. Durch die Kombination von „Klick" und Futter erreichen wir durch Wiederholung im Eintrainieren die Konditionierung des Klick-Geräusches als Belohnung bzw. als Ankündigung für die Be-lohnung (s. S. 146).

OPERANTE KONDITIONIERUNG

Umgangssprachlich auch mit „Lernen am Erfolg" oder „Lernen durch Versuch und Irrtum" bezeichnet. In dieser Lernform geht es um die Verknüpfung eines Reizes (Stimulus) mit einer Reaktion. Entweder führt diese Verknüpfung dazu, dass das Verhalten häufiger gezeigt wird oder das Verhalten wird weniger oder gar nicht mehr gezeigt.

Ein Beispiel: Wenn ich zu Hause den Waffenschrank öffne, steht mein Hund an meiner Seite. Er kann zuvor tief und fest geschlafen haben, beim Gepiepse des digitalen Schlosses ist er sofort wach und in freudiger Erregung. Er hat das Öffnen des Schranks mit dem Ereignis Jagen verknüpft.

DEFINITION: KLASSISCHE KONDITIONIERUNG

„Die klassische Konditionierung ist eine grundlegende Form des Lernens, bei der ein Reiz oder ein Ereignis das Auftreten eines anderen Reizes oder Ereignisses vorhersagt. Der Organismus lernt eine neue Assoziation zwischen zwei Reizen – zwischen einem Reiz, der zuvor die Reaktion nicht auslöste, und einem anderen, der nach den Gesetzen der Natur die Reaktion auslöste."

**DEFINITION:
OPERANTE KONDITIONIERUNG**
„Unter operantem Konditionieren versteht man die Veränderung der Auftretenshäufigkeit von Verhalten in Abhängigkeit von verstärkenden oder bestrafenden Verhaltenskonsequenzen."

Diese Verknüpfung funktioniert genauso im Negativen. Ziehe ich Erste-Hilfe-Handschuhe an, möchte mein Hund gern verschwinden. Er hat das Anziehen der Handschuhe mit einer unangenehmen Körperuntersuchung verknüpft.
Wir unterscheiden dabei vier unterschiedliche Lernprozesse:
— Bedingte Aktion
— Bedingte Appetenz
— Bedingte Hemmung
— Bedingte Aversion
„Bedingt" heißt in diesen Fällen jeweils erlernt. Zum besseren Verständnis ein paar Beispiele:
Bedingte Aktion Der Hund zeigt von allein ein Verhalten, das zuvor belohnt wurde. Er hat es mit der Belohnung verknüpft.
Bedingte Appetenz Das Geräusch beim Öffnen des Waffenschranks hat der Hund mit dem freudigen Ereignis Jagen verknüpft – er läuft zum Schrank.
Bedingte Hemmung Wurde der Hund beim Schnappen nach einer Wespe gestochen und schnappt er daraufhin nicht mehr nach Wespen, aber z. B. noch nach Fliegen, hat er eine „Hemmung" auf die Wespe erfahren.
Bedingte Aversion Das Ticken eines Weidezauns lässt den Hund vorsichtig werden und den Zaun meiden. Ist der Zaun abgebaut, meidet der Hund den Ort trotzdem weiter.

VERSTÄRKEN UND BESTRAFEN

In der Erziehung unseres Hundes können wir bestimmte Verhaltensweisen fördern und bremsen. Dazu unterscheiden wir zwischen Verstärkung und Bestrafung. Soll ein Verhalten öfter gezeigt werden, ist es sinnvoll zu verstärken. Soll ein Verhalten weniger gezeigt werden, bestrafen wir. Bei beiden Handlungen unterscheiden wir in positiv und negativ. Dabei werden „positiv" und „negativ" rein mathematisch verstanden. Positiv heißt, etwas wird hinzugefügt, negativ heißt, es wird etwas weggenommen.

☞ VERSTÄRKUNG UND BESTRAFUNG – POSITIV UND NEGATIV

BEGRIFF	BEISPIEL
Positive Verstärkung	Der Hund hält ein Apportl: Sie loben ihn oder streicheln ihm über den Fang.
Negative Verstärkung	Der Hund will das Apportl nicht ausgeben: Sie fassen über den Fang (Schnauzgriff) und lassen den Druck nach, wenn der Hund den Fang öffnet.
Positive Bestrafung	Der Hund knautscht: Sie ticken mit dem Finger auf den Nasenrücken des Hundes.
Negative Bestrafung	Der Hund ist zu spaßig aufgelegt, zum Arbeiten aber hoch motiviert: Sie nehmen ihm das Apportl weg und er darf nicht weiterarbeiten.

Will der Hund das Apportl nicht ausgeben, ist der Schnauzgriff eine „negative Verstärkung“ (s. Tabelle S. 42).

Beispiele aus dem Arbeitsfach Apport sind in der Tabelle wiedergegeben.
Was für welchen Hund eine Belohnung und was eine Bestrafung ist, hängt vom Individuum Hund ab (s. S. 44: „Bestrafung“).

VERSTÄRKER

Hier gilt der Grundsatz: Ich kann einen Hund nur mit etwas verstärken, was für ihn auch wirklich eine Belohnung ist. Wir unterscheiden hier zwischen primären und sekundären Verstärkern.

Primäre Verstärker Das sind alle Verstärker, die die Grundbedürfnisse des Hundes befriedigen, also z. B. Nahrungsaufnahme, Schlaf, soziale Zuwendung, aber auch Sex und Jagen zählen dazu. Leckerlis, Streicheln und Beutespiele stehen dabei meist sehr hoch im Kurs. Aber auch gemeinsames Erleben und soziopositives Verhalten bieten gute Verstärkungsmöglichkeiten.

Sekundäre Verstärker Diese Verstärker sind in der Regel konditioniert. Es können z. B. Worte oder ein „Klicker“ sein. Hier geht es um die Ankündigung, dass gleich ein primärer Verstärker folgt. Der Vorteil einer solchen Konditionierung kann sein, dass die direkte Futtergabe eine Ablenkung für den Hund darstellt, z. B. beim Ausgeben nach dem Apportieren. Auch können wir darüber auf größere Distanz belohnen. Das „Klick“ steht dann für „Gut gemacht“ und ist das Verspre-

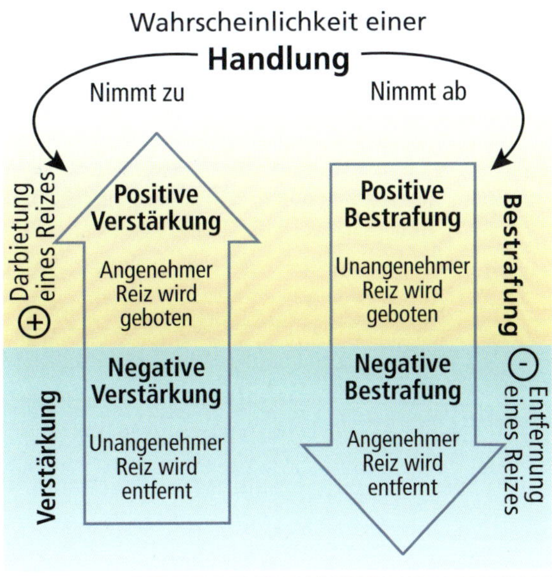

Schematische Darstellung von Verstärkung und Bestrafung

chen des Futters, das folgen wird. In manchen Fällen kann es hilfreich sein, mit einer Hilfsperson zu arbeiten. Auch das geht mit dem Klicker sehr gut und leicht.

BESTRAFUNG

Auch hier gilt: „Was für einen Hund eine Bestrafung ist, hängt vom Hund ab." Unser Ziel soll sein, den Hund psychisch zu berühren. Er soll merken, dass sein Verhalten nicht richtig ist, und soll es daraufhin ändern. Dazu reicht bei manchen Hunden ein hartes Wort, andere müssen erst lernen, dass sie angesprochen und gemeint sind. Es kann unterschiedliche Gründe haben, warum ein Hund nicht aufpasst. Vielleicht ist er abgelenkt oder so aufgeregt, dass er nichts mitbekommt.

EMOTION IST FEHL AM PLATZ

Gerade im Bereich der Unterbrechung ist es wichtig, dass Sie Hundeverhalten erkennen und einordnen können. Eine gute Einschätzung dessen, was ausreichend und was nötig ist, um den Hund zu erreichen, ist genauso wichtig wie das richtige und schnelle Erkennen von einlenkendem Verhalten seitens des Hundes.

Wer hier emotional – wütend oder genervt – reagiert, wird schnell unfair und unangemessen. Dadurch übersieht man gern Ansätze von einlenkendem Verhalten. Sind Sie an einem solchen Punkt angelangt, sollten Sie eine Pause machen – für sich und den Hund. Gelingt es Ihnen nicht, ruhig und klar zu bleiben, holen Sie sich Hilfe von einem Trainer, der emotional nicht involviert ist.

Welche Art von Bestrafung Sie wählen, liegt also an Ihrem Hund und an der jeweiligen Situation. Im Verlauf einer solchen Diskussion mit dem Hund muss sichergestellt sein, dass Ihr Hund die Anforderung versteht und auch leisten kann. Beachten Sie dabei, dass Mensch und Hund auf Stress unterschiedlich reagieren. Was Ihr Hund sonst sicher leisten kann, ist jetzt vielleicht nicht möglich. Und auch Hundeführer verhalten sich unterschiedlich in Konflikten. Für manch einen braucht es Übung, in einem Konflikt ruhig und besonnen zu reagieren, gerade beim eigenen Hund.

AUTHENTIZITÄT IST GEFRAGT

Da Hunde keine Maschinen sind, sondern immer auch auf der sozialen Ebene lernen, ist es wichtig, dass Sie als Hundeführer authentisch sind. Eine gespielte oder vorgetäuschte Freude wird der Hund schnell erkennen. Dann geben Sie ihm lieber ein Leckerli.

Wollen Sie etwas verbieten, hängt die Effektivität einer Bestrafung auch davon ab, mit welcher inneren Haltung Sie dabei sind. Meinen Sie es wirklich ernst, stehen die Chancen deutlich höher, dass der Hund die Strafe ernst nimmt. Finden Sie sein Verhalten aber gar nicht schlimm und sind sogar stolz darauf, kann es sein, dass der Hund sich trotz Bestrafung „versteckt belohnt" fühlt.

FEHLVERKNÜPFUNG

Wir sprechen von Fehlverknüpfung, wenn der Hund einen Reiz nicht zuordnen kann und statt der eigentlichen oder gewollten Verknüpfung eine andere herstellt. Dies kann passieren, wenn zur gleichen Zeit zwei Reize auf den Hund einwirken, wenn die Zeit zwischen Reiz und Verhalten zu weit auseinanderliegt oder wenn der Hund gedanklich woanders unterwegs ist und dadurch den Reiz auf etwas anderes bezieht. Meistens lassen sich solche Verknüpfungen durch Wiederholungen wieder auflösen. Je stärker oder schockierender aber der Reiz bei einer Fehlverknüpfung war, umso länger dauert das.

Ein Beispiel: Sie möchten Ihren Hund loben und sprechen dazu ein Lobeswort und streicheln ihn im selben Moment. Leider sind Sie elektrisch aufgeladen und der Hund bekommt eine gewischt. Loben Sie jetzt erneut und der Hund zuckt zusammen, handelt es

Beim Weglaufen ertappt. Nun ist der richtige Moment, ihn freundlich heranzurufen.

sich um eine Fehlverknüpfung. Der Hund hat das Lobeswort mit dem unangenehmen Reiz verknüpft.

KONFLIKTE

In der Psychologie sprechen wir von Konflikten, wenn ein Handlungsablauf unterbrochen wird, weil zwei soziale Elemente gleichzeitig gegensätzlich und unvereinbar sind. Konflikte haben die Tendenz zu eskalieren, das heißt, sie weiten sich aus und nehmen an Intensität zu. Deshalb ist es wichtig, Konflikte zu erkennen und zu hinterfragen.

URSACHENFORSCHUNG

Warum entsteht nun der Konflikt? Handelt es sich um ein Nichtkönnen oder ein Nichtwollen? Bei beiden Varianten ist es wichtig zu verstehen, wo genau der Punkt ist, an dem der Konflikt entsteht.
Zunächst also ein Detektivspiel. Kann der Hund nicht, gehen wir im Training an die betreffende Stelle zurück und stärken den Hund durch gezielte Wiederholungen. Manchmal ist es aber auch sinnvoll, einen anderen Trainingsaufbau zu wählen.
Will der Hund nicht, ist es wichtig zu verstehen, was ihn davon abhält. Im Vorfeld müssen wir an dieser Stelle ausschließen, dass er eventuell Schmerzen hat (z. B. Apport während des Zahnwechsels). Kommen wir dann zu dem Schluss, dass er die Mitarbeit verweigert, weil er nicht will und somit eine soziale Diskussion anstrebt, ist es wichtig, diesen Konflikt anzunehmen.

ANNEHMEN UND NACHARBEITEN

Dazu gehen Sie in den Konflikt oder suchen sich einen ähnlichen in abgeschwächter Form. Verteidigt der Hund z. B. Futter gegen Sie, wählen Sie anfangs statt leckerem Fleischknochen eher einen weniger attraktiven trockenen Ochsenziemer. Statt des Abrufs aus einem Spiel mit einem anderem Hund klären Sie erst mal das Abrufen von attraktivem Futter.

Verteidigung von Beute sollte bereits im Welpenalter geklärt werden.

Sie können auch den Rahmen verändern. Sorgen Sie dafür, dass der Hund sich nicht entziehen kann. Statt auf der freien Fläche zu üben, gehen Sie besser auf einen eingezäunten Platz oder sichern den Hund über eine Schleppleine ab.

Das Nacharbeiten eines Konflikts soll am Ende die Einsicht und Akzeptanz des Hundes bezwecken und Sie beide auf sozialer Ebene zusammenbringen. Aus diesem Grund ist es wichtig, dass Sie im Konflikt klar und für den Hund berechenbar sind. Was gut und was nicht gut ist, muss der Hund eindeutig verstehen können. Emotionen wie Wut oder Rache sind wenig hilfreich, Sie ziehen den Konflikt auf eine persönliche Ebene. Damit sind Sie angreifbar und eigentlich wollen Sie Ihrem Hund „nur" etwas beibringen. Dazu braucht er Ihre Hilfestellung als Lehrer und soll Sie nicht als Gegner wahrnehmen.

FAIRNESS UND KLARHEIT

Faire Auseinandersetzungen und das Setzen klarer Grenzen gehören zur Erziehung und schaffen Nähe und Vertrauen. Dadurch werden Sie und Ihr Hund zu einem guten Team. Unverstandene und unangemessene Einwirkungen sorgen für das Gegenteil, schaffen eher Unsicherheit und bewirken ein (körperliches oder psychisches) Ausweichen des Hundes.

PROZEDURALES LERNEN

Ein schönes Beispiel für prozedurales Lernen ist das Flintenschießen. Wir lernen das Flintenschießen durch Erfahrung und Ausprobieren, eventuell auch durchs Zuschauen. Mit der Zeit werden die Handlungsabläufe automatisiert abgespeichert und werden nicht mehr als Vorgang bewusst wahrgenommen.

PROZEDURALES LERNEN – DER ABLAUF IM ÜBERBLICK

Bewusstes Stadium

— Aufmerksamkeit erforderlich (keine Ablenkung, gute Konzentration)
— Üben des groben Bewegungsablaufs
— Anpassung der Parameter (Geschwindigkeit, Genauigkeit ...)
— Weniger Fehler durch Üben

Halbautomatisches Stadium

— Beginnende automatische (unbewusste) Ausführung (noch keine Ablenkung einbauen)
— Konflikte zwischen bewusster und automatischer Steuerung führen häufig zu Fehlern oder Abbrüchen
— Verschlechterung ist ein Zeichen des Fortschritts! Jetzt dranbleiben ... viele Erfolgserlebnisse sind gut, wieder bestätigen!

Automatisches Stadium

— Sichere, automatische Ausführung
— Weitgehend ohne Fehler
— Keine Aufmerksamkeit erforderlich
— Unbewusst

Sollen Sie jetzt erklären, was genau Sie alles tun, und achten Sie bewusst auf die einzelnen Vorgänge, werden Sie mit großer Wahrscheinlichkeit danebenschießen.
Durch das prozedurale Lernen (Verhaltensgedächtnis) können wir also Handlungsabläufe automatisiert abspeichern. Dieses Lernen bietet sich bei unserem Hund in vielen Bereichen an. Beim Apportieren, beim Rückruf, aber auch beim Halt soll auf einen Befehl hin eine Handlung ausgeführt und am besten nicht mehr darüber nachgedacht werden. Um solch einen Handlungsablauf möglichst sicher abrufen zu können, braucht es zunächst dessen Erlernen. Dazu können wir uns unterschiedlicher Lernformen bedienen. Der Hund und das angestrebte Verhalten bestimmen, welche Lernform hier am günstigsten ist. Das Lernen erfolgt dabei in drei Stadien. Erst wenn alle drei Stadien durchlaufen sind, können wir davon ausgehen, dass das Gelernte sicher abgespeichert ist.

DER ABLAUF

Wir beleuchten hier nun einmal exemplarisch den gesamten Ablauf des prozeduralen Lernens. Dazu spielen wir die Stadien einmal mit dem Befehl „Apport“ durch.

1. Bewusstes Stadium In diesem Stadium geht es darum, dem Hund zu zeigen, was er tun soll. Wenn er die Form erfüllt, hier unser Beispiel „Apport“, sagen Sie ihm, was er gerade macht. Sie benennen, belegen das Aufnehmen mit dem Wort „Apport“, wenn er es sicher zeigt. Um dem Hund den Ablauf beizubringen, gibt es verschiedene Möglichkeiten.
Für ein erfolgreiches Lernen ist eine gute Atmosphäre wichtig. Am einfachsten erreichen Sie das mit positiven Verstärkern, z. B. mit Futter, Klicker, guter Stimmung. Wird der Hund für das „Aufnehmen“ belohnt, und ist die Belohnung auch wirklich eine Belohnung für den Hund, wird er das Verhalten sicher gern noch einmal zeigen. In dieser Stimmung

Eine lockere Stimmung fördert gutes Lernen.

können Sie mit Leichtigkeit die Verknüpfung von Wort und motorischer Ausführung verknüpfen.

Nun heißt es wiederholen: Erst den groben Bewegungsablauf, dann können Sie mal mehr Wert auf Tempo oder auf Genauigkeit legen. Wiederholen Sie in kurzen Sequenzen, die Sie immer positiv, also mit einem guten Ergebnis beenden. Bald sehen Sie eine recht hohe fehlerfreie Wiederholung des „Aufnehmens".

2. Halbautomatisches Stadium Sobald Sie beobachten, dass der Hund den Befehl manchmal schon fast automatisch ausführt, haben Sie das zweite Stadium erreicht. In diesem Stadium gibt es irgendwann Konflikte zwischen der bewussten und automatischen Steuerung. Das führt oft zu Fehlern oder auch Abbrüchen. Eine Verschlechterung des Fortschritts ist also genau das, was hier normal ist. Hier heißt es jetzt, mit Geduld dranbleiben. Viele Erfolgserlebnisse sind jetzt gut, und deshalb sollten Sie hier wieder bestätigen, um die Motivation des Hundes zu erhalten.

3. Automatisches Stadium In diesem Stadium stellen Sie fest, dass der Hund deutlich weniger Fehler macht. Der Befehl wird nun sicher und automatisch ausgeführt. Hier ist auch keine besondere Aufmerksamkeit mehr erforderlich. Er kann den Befehl jetzt unbewusst ausführen.

Um zu überprüfen, ob der Befehl wirklich automatisch durchgeführt wird, können Sie bewusst eine Ablenkung einbauen. Der Hund sollte dabei möglichst wenige Fehler machen. Schritt für Schritt erhöhen Sie die Ablenkung, die Distanz oder bringen ihn in Konflikte, bis der Hund den Befehl sicher und fast automatisiert zeigt.

ERGÄNZENDE OPERANTE KONDITIONIERUNG

Um die Handlungsabläufe tatsächlich sicher abrufen zu können, braucht es auch die operante Konditionierung. Der Hund muss wissen, dass eine unangenehme Konsequenz folgt, wenn er das Kommando nicht ausführt. In dieser Kombination können wir ein Kommando recht sicher eintrainieren.

Leider passiert es in der Praxis sehr oft, dass der Hund im ersten Stadium ist und recht schnell eine hohe Trefferquote hat, sodass der Mensch glaubt, der Hund könne es. Wenn er dann in der zweiten Phase tatsächlich nicht kann, weil genau das den Lernprozess ausmacht, kommt oft Druck oder Ungeduld in die Ausbildung. Durch die Stimmung verschlechtert sich das Abspeichern des Befehls in die richtige Hirnregion – schade!

DER LETZTE SCHLIFF DURCH WIEDERHOLUNG

Um das Gelernte dauerhaft abrufen zu können, bedarf es unregelmäßiger Wiederholungen. Denn wenn etwas nicht mehr gebraucht wird, tritt es in den Hintergrund und andere Dinge, die öfter angesprochen werden, sind schneller zugänglich. Stellen Sie sich eine Jagdpause vor: Auf der ersten Entenjagd werden Sie anfangs noch unsicher sein, bald dann läuft es aber wieder.

TRAININGSAUFBAU IN DER PRAXIS

Möchten Sie ein wirklich guter Lehrer für Ihren Hund sein? Dann machen Sie sich klar, was Sie von ihm wollen. Mit einem definierten Ziel lässt sich ein guter Trainingsplan erstellen, und mit einem solchen Plan werden Sie sich sicher fühlen.

Erinnern Sie sich an Ihre Lehrer? Bestimmt gab es einen, der es geschafft hat, Sie zu motivieren, den Sie ernst genommen haben, ohne dass er laut werden musste. Und den Lernstoff hat er so verpackt, dass Sie ihn mit Spaß und Leichtigkeit gelernt haben. Dieser Lehrer wird einen guten Plan gehabt und genau gewusst haben, was er in welcher Reihenfolge vermittelt. Gleichzeitig wird er authentisch gewesen sein und Ihnen etwas zugetraut haben.

Wenn Sie für Ihren Hund ein solcher Lehrer sein möchten, stellen auch Sie einen Lehrplan auf. Mit der dadurch gewonnenen Sicherheit werden Sie Ihrem Hund eine gute Stütze in sämtlichen Lernprozessen sein.

GRUNDSÄTZLICHES

Bevor Sie nun mit dem Training starten, überlegen Sie, welche Kommandos der Hund lernen soll. Diese Kommandos sollten sich gut voneinander unterscheiden. Sichtzeichen müssen im Nahbereich wie auch auf Entfernung gut zu sehen und zu unterscheiden sein. Auch bei den Hörzeichen sind klare Unterscheidungen sinnvoll. Für den Hund ist eine akustische Unterscheidung von „Geh auf deinen Platz" und „Mach Platz" schwierig, da er ja nicht den Inhalt versteht, sondern nur den Wortklang zu erfassen versucht. Klare und gut voneinander zu unterscheidende Kommandos helfen dabei.

Bei den meisten Befehlen macht es Sinn, ein Sicht- und ein Hörzeichen zu trainieren. Der Vorteil von Sichtzeichen ist die lautlose Kommunikation, die auf der Jagd oft von Vorteil ist. Deren Nachteil ist, dass der Hund Sie ansehen muss. Ist er gerade mit seiner Aufmerksamkeit woanders, muss er also

Einem aufmerksamen Schüler bringt man leichter Neues bei.

auch das Hörzeichen verstehen. Da wir auf der Jagd auch auf großen Distanzen arbeiten, ist das Eintrainieren einer Pfeife für wichtige Kommandos von Vorteil.

AUFLÖSEWORT JA – FÜLLWÖRTER NEIN

Haben Sie sich für ein Kommando entschieden, dann brauchen Sie noch ein „Auflösewort". Das heißt, der Hund soll das Kommando so lange ausführen, bis wir es entweder auflösen oder einen anderen, neuen Befehl geben.
Eine spannende Überlegung ist dann, was „Bleib!" für eine Bedeutung hat. Eigentlich handelt es sich dabei um ein Füllwort, wie auch „Halt fest!" oder „Sofort!". Diese Füllwörter sind ein Indiz dafür, dass der Mensch unsicher ist und nicht daran glaubt, dass der Hund das Kommando sicher ausführt. Seien Sie also wachsam und schauen Sie sich selbst auf die Finger. Gibt es einen Grund für eine Unsicherheit? Wenn ja, gehen Sie noch einmal einen Schritt zurück im Training und überprüfen, was der Hund noch nicht verstanden hat.
Je weniger Sie unnötig mit Ihrem Hund reden, umso besser wird er Ihnen zuhören, wenn Sie ihm etwas sagen.

ANFANG UND ENDE OHNE FÜLLWÖRTER

Eine Regel für Sie und den Hund: Ein Kommando gilt so lange, bis Sie es aufheben oder ein anderes Kommando aussprechen. Sie brauchen keine Wiederholung und keine Füllwörter wie „Bleib!" oder „Halt fest!".

DIE WICHTIGSTEN HÖRZEICHEN

Die wichtigsten Kommandos für den Jagdhund sind:

- Sitzen: „Sitz"
- Liegen: „Platz" und daraus das „Ablegen"
- Stopp: „Halt" oder „Down"
- Rückruf: „Komm"
- Halten/Bringen: „Apport"
- Ausgeben: „Aus"
- Etwas lassen: „Nein"
- Auflösewort: „Gut", „Okay", „Auf" o. Ä.
- Vorlaufen: „Voran"
- Suchen: „Such"

Sichtzeichen „Sitz"

Sichtzeichen „Platz"

TRAININGSMETHODEN

Im Bereich der Hundeerziehung gibt es einen riesengroßen Markt an Hilfsmitteln und Methoden. Jede ist dabei angeblich die einzig richtige, und andere Methoden werden oft verurteilt. Bitte bleiben Sie offen. Was immer Sie und Ihren Hund im Training unterstützt, ist richtig für Sie. Dabei können der zeitweise Einsatz oder die Kombinationen verschiedener Techniken großartig sein. Nur, weil Sie einmal etwas geklickert haben, müssen Sie nicht ein Leben lang mit dem Klicker durch die Gegend laufen.
Im Training haben Sie schon gemerkt, was Ihnen leicht von der Hand geht und wo Sie und Ihr Hund gut und schnell lernen. Vielleicht haben Sie an anderen Ecken auch Schwierigkeiten. Um das Training effektiver zu gestalten, kann eine neue Methode unterstützen. Manchmal geht es vielleicht nur darum, frischen Wind in eine verfahrene Situation zu bringen. Dann kann ein kurzzeitiges Klickertraining für Erfrischung sorgen. Haben Sie einen quirligen Hund, der sich leicht ablenken lässt, hilft Ihnen vielleicht das Training auf dem Placeboard. Der klar definierte und positive Ort auf dem Brett kann Sie und den Hund beim Lernen unterstützen (sehen Sie dazu die Extraseite Placeboard).

SIGNALE MÜSSEN ERST GELERNT WERDEN

Wichtig bei allen Signalen: Der Hund muss sie erst lernen. Nur weil z. B. auf der Pfeife „Hundepfeife" steht, funktioniert es damit nicht, bevor der Hund die Bedeutung der Signale gelernt hat. Ein Pfeifton muss genauso trainiert werden wie jeder andere Befehl.

TRAININGSAUFBAU

Haben Sie sich für ein Kommando entschieden und wissen Sie auch genau, wie dessen Ausführung aussehen soll, geht es ans Eintrainieren. Dazu haben wir einen Ablauf, der Ihnen die wichtigsten Lernschritte verdeutlichen soll. Beobachten Sie jeden Lernschritt genau, um Fehler oder Missverständnisse im Training frühzeitig zu erkennen und gegebenenfalls direkt gegensteuern zu können.

„Ablegen"

Sichtzeichen „Halt"

Je länger ein Fehler gelernt wird, umso langwieriger wird die Korrektur.
Sorgen Sie zunächst für eine gute Lernsituation, das heißt, der Hund sollte wach sein, sich gelöst haben und am besten nicht zu hungrig sein. Der Ort des Trainings sollte keine großen Ablenkungen bieten, damit der Hund sich leicht auf die Übung konzentrieren kann. Für den Menschen gilt genau das Gleiche, denn nur so sind wir geduldig und können das Lernen konzentriert begleiten. In dieser guten Lernsituation steht einer hochmotivierten Arbeit nichts mehr im Wege.
Schritt 1 – Verhalten formen (Shaping) Entweder zeigt der Hund ein gewünschtes Verhalten von sich aus, oder Sie motivieren ihn dazu. Sie arbeiten hier von grob zu fein. Das heißt, Sie nähern sich Schritt für Schritt Ihrem Ziel. Wie beim Topfschlagen. Da selbst gefundene Lösungen motivieren, das Verhalten öfter und sicher zu zeigen, ist in dieser Phase ein motivierendes Training über Futter oder z. B. auch Klickertraining von Vorteil.
Schritt 2 – Verstärken Der Hund wird in dem gewünschten Verhalten verstärkt – dadurch zeigt er das Verhalten öfter. In dieser Anfangsphase wird jede richtige Handlung verstärkt. Das hält die Motivation Ihres Hundes hoch.
Schritt 3 – Verknüpfen Zeigt Ihr Hund das Verhalten zuverlässig, benennen Sie die Handlung mit einem Hörzeichen. Sagen Sie es von Anfang an nur einmal. Durch Ihr Lob wird das Kommando aufgehoben. Im nächsten Schritt wird das Lob mit einem Auflösewort kombiniert, wie z. B. einem „Gut“ oder „Okay“.
Schritt 4 – Festigen Nun wiederholen Sie den Ablauf und festigen ihn dadurch. In diesem Prozess ist es normal, dass er das vermeintlich Gelernte zwischendurch ungenau ausführt oder es scheint, als hätte er nichts gelernt. Wie weiter oben ausgeführt, liegt das daran, dass während des prozeduralen Lernens Konflikte zwischen der bewussten und halbautomatischen Steuerung im Gehirn entstehen. Bleiben Sie jetzt mit Geduld dran, Belohnen Sie richtiges Verhalten noch mal. Diese Phase ist bald vorbei. Zeigt der Hund das Verhalten wieder gut, können Sie im Training weiter fortschreiten.
Schritt 5 – Generalisieren Ihr Hund muss den Befehl überall ausführen. Dazu übertragen Sie das Gelernte in unterschiedliche Situationen und steigern bewusst auch die Ablenkungen. Bei Fehlverhalten korrigieren Sie und geben Ihrem Hund die Möglichkeit, in der Wiederholung zu zeigen, dass er die Korrektur verstanden hat und das Kommando nun fehlerfrei ausführt. Gehen Sie dabei Schritt für Schritt vor. Üben Sie in diesem Schritt langsam höhere Ablenkungen oder steigern Sie die Distanz. Ihr Hund braucht dabei immer wieder Erfolgserlebnisse.
Schritt 6 – Durchsetzen Weil Sie eine zuverlässige Ausführung des Kommandos brauchen, sichern Sie das Gelernte ab. Legen Sie Ihren Fokus dazu nicht auf das Vermeiden von Fehlern, sondern registrieren Sie, was der Hund nicht richtig verstanden oder akzeptiert hat, und korrigieren Sie. Hier können Sie zielgerichtet einwirken. Wichtig ist, dass der Hund im Verlauf z. B. einer Ablenkungsübung selbstständig in der Lage ist, die Anforderung zu schaffen. Achten Sie unbedingt darauf, dass nach der Korrektur wieder Nähe zwischen Ihnen und Ihrem Hund möglich ist. Eine Korrektur darf niemals zu anhaltendem Abstand zwischen Mensch und Hund führen! Ist das der Fall, war die Korrektur unangemessen oder für den Hund unverständlich.

01 Verhalten formen: Dieser Welpe probiert sich aus.

02 Für das richtige Verhalten bekommt er ein Leckerli

03 Der Mensch setzt das Sitzenbleiben durch.

04 Auflösen des Kommandos

01

02

03

04

Ob der Hund die Beute nehmen darf oder nicht, wird hier im Training in Ruhe geklärt.

TRAININGAUFBAU IN SECHS SCHRITTEN

1. Verhalten formen
2. Verstärken: Dadurch wird Verhalten öfter gezeigt
3. Verknüpfen: „Benennen" (Sicht- und/oder Hörzeichen) bei zuverlässigem Zeigen eines Verhaltens
4. Festigen: Wiederholen, Lernkurve abwarten
5. Generalisieren: Kommandoausführung überall
6. Durchsetzen: keine Fehler verhindern

KONFLIKTE

Im Verlauf des Trainings kann es zu Konflikten kommen. Zunächst ist wichtig zu erkennen, warum es zu dem Konflikt kommt. Ist der Hund überfordert? Dann ist es an Ihnen, herauszufinden, was der Hund noch nicht verstanden hat. In diesem Fall wiederholen Sie die Lernschritte, bis der Hund die Aufgabenstellung lösen kann.

GELASSEN BLEIBEN IM KONTAKT

Geht der Hund in eine Revolte, nehmen Sie diesen Konflikt unbedingt an. Je früher, umso besser. Annehmen heißt in diesem Fall, den ausschlaggebenden Punkt der Revolte zu klären. Es macht keinen Sinn, das Problem zu deckeln – früher oder später wird es irgendwo wiederauftauchen. Besser, Sie nehmen genau das Thema und gehen es Stück für Stück mit dem Hund durch.
Ihre innere Haltung spielt dabei eine große Rolle. Wenn Sie genau wissen, was Sie von dem Hund möchten und wie Sie es ihm vermitteln können, fällt es Ihnen leichter, effektiv und sachlich an dem Problem zu arbeiten. Sie begleiten den Hund und unterstützen ihn in der Problemlösung. Meist ist so eine Revolte dann im Keim erstickt oder eine Unklarheit schnell beseitigt. Schwingen hingegen Emotionen oder Unsicherheiten mit, wird der Hund diese eventuell für sich nutzen.

BEISPIEL AUSGEBEN

Ein Beispiel: Bei einer „Aus"-Übung haben wir das Ziel, dass der Hund auf das Kommando den Fang öffnet und den Gegenstand somit hergibt. Wenn Sie ihm den Gegenstand einfach irgendwie aus dem Fang nehmen, haben Sie nichts gewonnen. Im Gegenteil: Der Hund wird eher nur geschickter im Sichern durch Verbergen oder Wegdrehen des Kopfes. Sind Sie in diesem Fall zusätzlich unsicher, wird ihn das noch mehr dazu motivieren, sein Verhalten auszubauen. In so einem Fall ist es sinnvoll, sich erst Unterstützung zu holen und dann gestärkt mit einem Plan vorzugehen.

RITUALE

Der brauchbare Jagdhund muss unterschiedliche Disziplinen beherrschen. Da Hunde kontextbezogen lernen, unterstützen Rituale die Einstimmung auf die jeweilige Arbeit. Solche Rituale können Ausrüstungsgegen-

KORRIGIEREN UND ÜBERPRÜFEN

Korrekturen können sehr unterschiedlich ausfallen. Gemeinsam ist ihnen aber, dass sie etwas verbessern sollen. Korrigieren Sie nun Ihren Hund, ist es wichtig zu überprüfen, ob er Sie verstanden hat. Durch eine Wiederholung der Situation bekommt der Hund die Möglichkeit, richtig zu handeln, und Sie können feststellen, ob die Korrektur verstanden wurde und zu einer Verbesserung geführt hat.

stände wie Halsung, Riemen oder Jagdweste sein. Durch unsere Stimmung können wir Rituale ebenfalls unterstützen.
Bei der Quersuche brauchen Sie einen schnellen, fleißigen Hund, den Sie über einen Spannungsaufbau am Start in eine motivierte Suche schicken können. Bei der Schweißarbeit soll der Hund hingegen ruhig und konzentriert arbeiten. Um uns und den Hund einzustimmen, werden Sie hier in ruhiger Stimmung den Hund ablegen, den Schweißriemen abdocken, den Anschuss untersuchen und auch mit einem ruhig gesprochenen Kommando die Arbeit starten. Je früher Sie Rituale einführen, umso besser kann sich der Hund darauf einstellen und sie mit bestimmten Arbeiten verknüpfen.

VERSTÄRKER(PLÄNE)

Die meisten Hunde lassen sich gut durch Futter motivieren. Andere reagieren auf Zuwendung oder ein Sozialspiel (z. B. Zerren). Zu Beginn einer neuen Übung macht es Sinn, jeden Lernschritt zu verstärken (kontinuierliche Verstärkung). Dadurch erreichen wir eine hohe Motivation beim Hund und er lernt schnell.
Hat der Hund das Lernziel erreicht, können wir damit beginnen, durch den Wert der Verstärkung auch die Leistung zu bewerten, und dadurch zu einer besseren Leistung motivieren. Zeigt der Hund das gewünschte Verhalten gut, bekommt er ein Stück Trockenfutter, ist er aber besonders schnell, gibt es ein Stück Wienerle.
Sehr sinnvoll ist es, sich ab jetzt auch der sogenannten intermittierenden Verstärkung zu bedienen. Das heißt, wir schaffen einen besonderen Anreiz durch Weglassen einer Belohnung. Die Hoffnung auf die Verstärkung wird dadurch zur Motivation. Das klappt auch bei uns Menschen, sonst gäbe es nicht so viele Glücksspiele.
Um diesen Glücksspieleffekt zu nutzen, lassen wir anfangs ab und zu die Verstärkung weg, später verstärken wir unregelmäßig und gehen so langsam dazu über, nur noch selten zu verstärken (partielle oder variable Verstärkung). Mit dieser Methode können wir eine sehr hohe Motivation des Hundes erzielen und das gewünschte Verhalten bleibt länger im Hundehirn gespeichert.

VERKNÜPFUNG VON SICHT- UND HÖRZEICHEN

Bei der Arbeit mit dem Jagdhund nutzen Sie am besten Sicht- und Hörzeichen. Um diese miteinander zu verknüpfen, nehmen Sie das Zeichen, das der Hund schon beherrscht, und fügen gleich dahinter das neue Zeichen hinzu. Machen wir das an einem Beispiel deutlich:
Ihr Hund hat das Handzeichen „Sitz“ gelernt. Mithilfe eines hochgehaltenen Leckerlis geht das meist sehr schnell. Nun möchten Sie, dass er auch das Hörzeichen lernt. Dazu sprechen Sie jetzt direkt nach dem Handzeichen das Hörzeichen „Sitz“. Durch Wiederholung wird der Hund die beiden Zeichen verknüpfen. Um das Hörzeichen in diesem Fall zu verstärken, verschieben Sie es nun langsam nach vorn, geben es also vor dem Sichtzeichen: Zuerst kommt also das Kommando „Sitz“ und erst kurz darauf folgt das Sichtzeichen. Wenn Sie das Gefühl haben, der Hund braucht das Sichtzeichen nicht mehr, lassen Sie es weg.

Verschiedene Hundepfeifen

In derselben Weise können wir auch einen Signalpfiff verknüpfen. Hier ist es einfacher, wenn Sie zunächst ein Sichtzeichen etabliert haben, das Sie mit dem Pfeifsignal geben können. Aber es geht auch anders, wie bei dem Komm-Pfiff weiter unten erklärt. Benutzen Sie alle gelernten Signale regelmäßig. Kommandos, die nicht mehr verwendet werden, vergisst (löscht) der Hund mit der Zeit.

HUNDEPFEIFE

Beim Führen eines Jagdhundes gibt es immer wieder Situationen, in denen man sich mit seinem Hund über weitere Distanzen verständigen muss. Hier bietet die Pfeife einen großen Nutzen. Die am häufigsten genutzten Signale mit der Pfeife sind:

— Der Wendepfiff: ein kurzer Pfiff
— Der „Komm-Pfiff": zwei Pfeiftöne hintereinander (Doppelpfiff)
— Der „Halt-Pfiff": lauter, deutlicher Trillerpfiff

Es steht Ihnen natürlich völlig frei, welche Pfiffe Sie bei Ihrem Hund verwenden möchten.

Zum Eintrainieren eines neuen Pfiffkommandos ist es am einfachsten, wenn Ihr Hund ein anderes Zeichen für das betreffende Kommando bereits verstanden hat, er also z. B. das Kommando „Komm!" gelernt hat. Um die Pfeife zu etablieren, rufen Sie Ihren Hund wie gewohnt mit dem Kommando „Komm!" zu sich und setzen direkt dahinter das Pfeifsignal, in unserem Beispiel also den Doppelpfiff. Nach einigen Wiederholungen sind die Handlung, das Kommando und der Pfiff verknüpft.

Im nächsten Schritt drehen Sie die Reihenfolge um. Es erfolgt erst der Pfiff und dann zur Absicherung das verbale Kommando „Komm!" Nach einigen weiteren Wiederholungen kann dann der Pfiff allein verwendet werden.

DEFINITION: INTERMITTIERENDE VERSTÄRKUNG

„Intermittierende Verstärkung ist ein Phänomen des operanten Konditionierens (Lernen durch Verstärkung oder auch Verstärkungslernen). Intermittierende Verstärkung beschreibt die nicht regelmäßige Bekräftigung (Verstärkung) eines (erwünschten) Verhaltens mithilfe eines Verstärkers. Das Lernen erfolgt bei intermittierender Verstärkung zwar langsamer als bei kontinuierlicher Verstärkung, das Verhalten ist aber wesentlich löschungsresistenter."

FRUSTRATIONSTOLERANZ UND IMPULSKONTROLLE

Unser fertiger Jagdbegleiter hat das Glück, mit Passion arbeiten zu dürfen. Damit es bei der Arbeit, in Jagdpausen und im Alltag klappt, muss er aber auch warten können.

01

02

Der Wechsel zwischen hoch erregtem Arbeiten und einem sofortigen Abbruch wie auch die Vorfreude auf die Arbeit oder das ruhige Abliegen unter dem Stand sind Situationen, in denen sich der Hund zurücknehmen muss. Damit er das später leisten kann, üben wir am besten von Anfang an mit unserem Welpen Langeweile und ein Zurücknehmen. Mit anderen Worten Frustrationstoleranz und Impulskontrolle.
Auf der Entenjagd muss der Hund z. B. still neben uns warten, bis er zur Arbeit geschickt wird. Schafft er es mithilfe einer erlernten Selbstregulierung nicht, ruhig zu bleiben, fängt er früher oder später an, unruhig und laut zu werden. Beides ist natürlich absolut unerwünscht, aus Sicht des Hundes aber die einzige Möglichkeit, seinen empfundenen Stress abzubauen. In diesem Fall sprechen wir auch beim Hund von mangelnder Impulskontrolle. Von Frustrationstoleranz reden wir, wenn der Hund z. B. beim Hetzen abgerufen wird und daraufhin mit

01 Bleiben im Auto kann Leben retten.

02 Früh übt sich …

03 Standruhe bei der Jagd ist unverzichtbar

04 Frustrationsübung am Futter

05 Wer Frustrationstoleranz gelernt hat, kann gelassen warten.

03

05

04

der „unerfüllten Erwartung“ des Beutemachens umgehen muss. Ist die Frustrationstoleranz des Hundes unzureichend, kann es sein, dass er infolge der Enttäuschung ein Ventil (Frustrationsreaktionen) benötigt. Dass kann sich z. B. in nach außen als auch nach innen gerichteter Aggression äußern. In beiden Fällen bestimmen die Persönlichkeit und Resilienz des Hundes, wie gut oder schnell er einen Umgang mit seinem Frust lernt.

Je früher Sie mit Ihrem Hund daran arbeiten, umso leichter wird ihm das weitere Vertiefen und Festigen in der Zeit der Pubertät fallen. Und jetzt auf in die Praxis:

01

Übungen für die Impulskontrolle

Hier arbeiten Sie mit einem Belohnungsaufschub, den Sie langsam steigern. Dabei können Sie Ihren Hund unterstützen, indem Sie gemeinsam warten oder den Hund körperlich unterstützen (streicheln oder festhalten):

Übung 1 Der Hund sitzt im Befehl „Sitz“ neben Ihnen. Nun werfen Sie ein Leckerli vor ihn hin. Er darf erst nach Ihrer Freigabe aufstehen und das Leckerli aufnehmen, wenn er ruhig sitzt und sich zurücknimmt. Dies können Sie langsam steigern.

Übung 2 Apportiert Ihr Hund schon, können Sie ein Apportl auslegen. Schicken Sie Ihren Hund aber wiederum erst, wenn er sich ruhig zurücknimmt. Dabei darf er in Spannung sein, muss aber ruhig bleiben. Steigern können Sie das, indem ein zweiter Hund das Apportl holen darf und Ihr Hund erst anschließend wieder.

Übung 3 Wirklich wichtig ist das Warten im Auto, „bewusst“ ohne Kommando, obwohl die Tür aufgeht. Dies kann für Ihren Hund eine Lebensversicherung sein. Machen Sie Ihrem Hund klar, dass er im Auto bleiben muss, bis er ein Kommando zum Aussteigen erhält. Steigern Sie auch hier bewusst die Ablenkungen vor dem Auto.

Übungen für Frustrationstoleranz

Hier muss der Hund arbeiten, und Sie schaffen lediglich die Situation dafür. Sie können Ihren Hund dabei nur unterstützen, indem Sie die Anforderungen langsam steigern. Die Lösung muss er dabei selbst finden.

Übung 1 Leinen Sie Ihren Welpen an seinem Liegeplatz an. Er wird anfangs an der Leine ziehen oder versuchen, die Leine loszuwerden oder sich zu befreien. Achten Sie bei so einer Übung auf haltbares Material.

02

03

Sie sollten sich nicht einmischen (es sei denn, er gefährdet sich). Erst wenn er den Kampf irgendwann aufgegeben hat und zur Ruhe gekommen ist, können Sie ihn beiläufig ableinen.

Übung 2 Nehmen Sie ein Spielzeug und tun so, als wollten Sie spielen. Wenn der Hund Lust bekommen hat, legen Sie das Spielzeug wieder weg und machen etwas anderes. Solange der Hund noch an das Spielzeug denkt, lassen Sie ihn für sich allein mit dem Wunsch. Sämtliche Versuche, daranzukommen, sollten fehlschlagen. Schaffen Sie also im Vorfeld eine Situation, in der der Hund keinen Unfug anstellen kann.

Übung 3 Bereiten Sie das Futter für Ihren Hund zu. Anstatt es dem Hund wie gewohnt hinzustellen und freizugeben, stellen Sie es außerhalb seiner Reichweite ab und „vergessen“ es absichtlich. Der Hund bekommt das Futter erst deutlich später, wenn er es wirklich nicht mehr im Kopf hat. Er sollte sich zu diesem Zeitpunkt damit abgefunden haben, dass es heute anscheinend nichts zu fressen gibt.

01 Warten, während andere arbeiten dürfen

02 Der angeleinte Hund wird sich selbst überlassen.

03 Der Hund wird stehend angebunden und findet selbst die Ruhe: Er legt sich hin.

DER WELPE

WELPENKAUF

Am Anfang aller Ausbildung steht die Auswahl des Jagdbegleiters. Im Vorfeld muss gut überlegt sein, wie sich das Leben mit ihm gestalten soll: Welche Jagd- und Reviermöglichkeiten bestehen, wie wird der Alltag mit Hund aussehen?

Von entscheidender Bedeutung ist dabei aber auch die Frage: Welche Persönlichkeit habe ich selbst? Kann ich mit der quirligen Art eines Terriers oder der Autonomie einer Bracke gut leben?

DER PASSENDE JAGDHUND

Lassen Sie uns einmal zum Kauf eines Autos abschweifen: Sie möchten sich ein neues Auto kaufen, die Auswahl auf dem Automarkt ist groß. Sportwagen oder Offroader? Jeder Hersteller preist seine Modelle an, eigentlich ist für jeden das Passende dabei. Trotzdem fällt die Wahl schwer. Da sind die einzelnen Marken mit ihren ganz spezifischen Optiken. Zusätzlich steht der schnittige und schnelle Sportwagen neben der geländetauglichen Familienkutsche. Fahren tun sie alle. Die Frage, die sich stellt, ist: Was brauchten Sie wirklich und womit kommen Sie selbst gut zurecht? Wenn Sie so gut wie nur Landstraße und Feldwege fahren, brauchen Sie dann einen Sportwagen mit 200 PS?

DER DURCHSCHNITT KANN IDEAL SEIN

Zweifelsohne ist der Kauf eines Hundewelpen nicht das Gleiche wie der Erwerb eines Autos, dennoch hilft dieses Gedankenspiel vielleicht bei der Bewertung der Auswahlkriterien von Rasse und Linie Ihres zukünftigen Familienmitglieds und Jagdhelfers. Sind Sie z. B. als „Hobbyjäger" und durchschnittlich talentierter Hundeführer mit einem durchschnittlich talentierten Jagdhund vielleicht bestens bedient? Allein schon, weil dieser leichter in Ihren Alltag zu integrieren ist. Auch wenn dieser Hund in jagdlichen Bereichen eventuell Schwächen hat. Natürlich müssen solche Schwächen gegebenenfalls mit Ihrer Art des Jagens zu vereinbaren sein.

WAS IST VERZICHTBAR?

Doch nicht immer ist das ganze Spektrum jagdlicher Eigenschaften vonnöten. Wenn Sie z. B. keine Raubwildbejagung betreiben: Brauchen Sie dann zwingend einen bedingungslos raubwildscharfen Hund? Oder

Frühförderung als Vorbereitung auf die jagdliche Arbeit

reicht hier die natürlich zwingend erforderliche Wildschärfe?
Wenn Sie mit Ihrem Hund unter der Flinte jagen möchten und ihr Revier eingefasst von Straßen ist: Brauchen Sie dann einen weitjagenden Hund? Es ist im Alltag eine riesige Erleichterung, wenn Sie entspannt mit Ihrem Hund spazieren gehen können, ohne dass er ständig den Horizont im Visier hat. Und das nicht nur aufgrund Ihrer Leistung als Hundeführer.

ZWINGERAUSWAHL

Ist die Wahl für eine passende Rasse getroffen, geht es darum, sich einen geeigneten Züchter zu suchen. Bitte wenden Sie sich hierzu an die betreffenden Zuchtvereine des JGHV, um einen Hund aus einer jagdlichen Zucht mit dementsprechender Abstammung und Papieren zu bekommen. Hier können Sie am sichersten sein, dass Hunde im jagdlichen Interesse gezüchtet werden. Dies beinhaltet neben der jagdlichen Eignung auch die Gesundheit der verpaarten Elterntiere. Darüber hinaus ist der Zugang zu Zuchtprüfungen, bis auf Ausnahmen, nur mit diesen Papieren möglich. Möchten Sie hier sichergehen, schauen Sie auf die Seite des „Jagdgebrauchshundeverband e. V." (JGHV).

Die Ahnentafel belegt jagdliche Leistungszucht.

SELBST EIN BILD MACHEN

Für den eher unerfahrenen Jagdhundeführer ist es gar nicht so einfach, sich für den richtigen Zwinger zu entscheiden. Machen Sie sich selbst ein Bild von Züchter, Zuchtstätte und der Hündin.

- Wie verhalten sich Welpen und Hündin? – Sind sie der Rasse entsprechend offen im Umgang mit Ihnen und dem Züchter?
- Sehen alle Welpen gesund und fit aus?
- Wie gefällt Ihnen die Aufzucht und das Engagement des Züchters?

DIE ELTERNTIERE

Die Elterntiere werden häufig durch ihre besonders guten Prüfungsergebnisse angepriesen. Jedoch sollte man sich immer vor Augen halten, dass diese nur eine begrenzte Aussage darüber zulassen, wie sich Ihr kleiner Welpe entwickeln wird.
Prüfungsergebnisse sind nur bedingt vergleichbar. Zwar sind die Anforderungen gleich, jedoch spielen viele Faktoren bei einer Prüfung eine Rolle. Revier, Wildvorkommen, Wetter, Tagesform und das berüchtigte Suchenglück. Und nicht zuletzt, ob ein erfahrener Hundeführer den Hund ausgebildet und geführt hat.
Wenn sich die Möglichkeit bietet, begleiten Sie die Elterntiere bei der Jagd. Da dies selbstverständlich nicht in jedem Fall möglich ist, sollten Sie sich aber zumindest ein Bild von

der Hündin im heimischen Umfeld machen. Vielleicht haben Sie auch die Möglichkeit, Verwandtschaft der Elterntiere oder vorherige Nachzuchten des Zwingers kennenzulernen. Gerade der Bereich Standruhe zeigt sich immer wieder als großes Problem innerhalb der Ausbildung. Es gibt durchaus Zuchtlinien, bei denen die Tendenz zur Unruhe und Hektik vermehrt auftritt. Mangelnde Selbstregulation ist also nicht zwingend nur ein Thema bestimmter Rassen. Denken Sie aber auch bei aller Recherche daran, dass jeder Wurf und jeder Welpe unterschiedlich sind. Und natürlich sind die im späteren Leben erworbenen Erfahrungen und die Erziehung weitere Faktoren, welche die Entwicklung des Hundes beeinflusst haben.

Gewöhnung ans Wasser mit der Mutterhündin

Wassergewöhnung mit Hilfe der Reizangel

ZÜCHTER UND ZUCHTSTÄTTE

Nachdem wir uns nun darüber Gedanken gemacht haben, welche Kriterien die Elterntiere erfüllen sollten, schauen wir uns die Zuchtstätte und den Züchter genauer an. Die Aufzucht von Welpen erfordert den ganzen Einsatz seitens des Züchters.
Im Vorfeld hat er viel Zeit und Mühe in die Erfüllung der Zuchtvoraussetzungen investiert. Hierzu gehören unter anderem die Körung, die Gesundheitsuntersuchungen und die jagdlichen Prüfungen. Idealerweise hat der Züchter seine Hündin selbst ausgebildet und auf den Prüfungen geführt. Nur dadurch ist es ihm abschließend möglich, Aussagen über ihre gesamten Eigenschaften, inklusive der Abrichtbarkeit, zu treffen. Dies ist neben dem Wissen über Zuchtkoeffizienten, Aufzucht und Fütterung unabdingbar.

DER PASSENDE RAHMEN

Hiermit ist es aber noch lange nicht getan. Der Züchter muss die passenden Rahmenbedingungen für die Aufzucht von Welpen schaffen. Hier ist es ideal, wenn die Welpen sowohl im Haus als auch draußen aufgezogen werden. Häufig sind die Welpen die ersten drei bis vier Wochen mit ihrer Wurfkiste im Haus untergebracht. Später erfolgt, je nach Witterung, der schrittweise Auszug in die Außenanlage. Im Freien sollten die Welpen neben geeigneten Liege- und Schlafplätzen genügend Platz haben, um zu spielen und sich zu lösen. Die Mutter muss die gesamte Zeit der Welpenaufzucht ungehinderten Zugang zu ihren Welpen haben.

01

SOZIALISIERUNGSPHASE NUTZEN

In der nun bereits beginnenden Sozialisierungsphase ist es wichtig, dass der Züchter den Welpen schon eine Vielzahl von Reizen bietet. Neben Haushaltsgeräuschen wie Staubsauger, Mixer, klappernden Töpfen usw. sollten auch Rasenmäher, Autos und vor allem erste Schüsse dabei sein. Gerade das erste Schießen, verbunden mit der Fütterung im Welpenverband, bietet sich an. Viele Züchter konditionieren auch bereits den Doppelpfiff.

Die Welpen sollten ausreichend Kontakt zu anderen Menschen, gern auch Kindern und gegebenenfalls anderen Tieren haben. Zusätzlich bietet ein guter, engagierter Züchter seinen Welpen bereits erste Erfahrungen mit kaltem Wild und die ersten Autofahrten an. Je nach Rasse wird Ihr Welpe hier auch schon Berührungspunkte mit der Reizangel oder Lungenschleppen gehabt haben. Neben den angebotenen Reizen ist aber auch der intensive Umgang des Züchters mit den Welpen überaus wichtig. Nur wenn er sich viel mit ihnen beschäftigt, kann er erste Aussagen über jedes kleine Individuum treffen. Dies ist die Voraussetzung, um das passende Mensch-Hund-Gespann auszuwählen.

02

03

04

Die Auswahl der Welpen handhaben Züchter unterschiedlich. Einige lassen den zukünftigen Hundeführer frei wählen, andere geben eine getroffene Auswahl vor. Grundlegend kann man sagen, dass eine endgültige Einschätzung eines Welpen recht schwer ist. Es lassen sich aber Tendenzen erkennen und hierbei sollten Sie auf den Züchter hören. Der niedliche weiße Fleck auf der Nase sollte für Sie nicht ausschlaggebend für die Auswahl sein. Wichtiger ist, dass Sie und der Hund charakterlich gut harmonieren und Ihr zukünftiger Jagdhelfer in Ihre Familie und Ihr Revier passt.

01 Eine fürsorgliche Zuchthündin ist die Basis für einen offenen Hund.

02 Gewöhnung an Raubwild

03 Ruhige Phasen sind wichtig für Welpen.

04 Gemeinsames Erkunden eines Damwildlaufes

DER WELPE ZIEHT EIN

Der große Tag ist gekommen, der Welpe wechselt vom Züchter zu Ihnen und Ihrer Familie. Er betritt also eine neue Welt, die für die Zukunft seine Welt sein wird. Dieser Übergang und die Eingewöhnung ins neue Zuhause sind ein bedeutender Schritt für den Hund.

ABHOLUNG UND ANKUNFT

Am Tag der Abholung fahren Sie am besten mit einer Begleitperson, damit diese oder Sie selbst die Möglichkeit haben, sich um den Welpen zu kümmern. Nicht immer fällt die Trennung leicht: Bieten Sie Ihrem Welpen sozialen Beistand. Lassen Sie ihn am besten auf Ihrem Schoss sitzen, hier kann er sich mit Ihrer Hilfe sicher fühlen. Manchen Welpen wird beim Autofahren schlecht und sie müssen sich übergeben. Keine Sorge, dies ist meistens der ungewohnten und aufregenden Situation geschuldet.

KONTAKTAUFNAHME ZU MENSCH UND TIER

Zu Hause angekommen, lassen Sie den Welpen seine neue Umgebung kennenlernen. Er wird mehr oder weniger mutig sein neues Heim inspizieren. Das Empfangskomitee sollte nicht zu groß ausfallen und sich nicht gleich auf den Neuankömmling stürzen. Schaffen Sie eine möglichst entspannte Situation. Natürlich soll Ihr Welpe alle Familienmitglieder kennenlernen, auch die tierischen. Sind andere Tiere im Haushalt, bleiben Sie bei den ersten Kontakten unbedingt in der Nähe, um gegebenenfalls zu intervenieren. Nicht immer verfällt der „alte" Hund in Freudentaumel, weil er nun einen Mitbewohner hat. Denken Sie daran, dass es keinen generellen Welpenschutz gibt. Die meisten erwachsenen Hunde sind bei Welpen jedoch recht wohlwollend. Konflikte gibt es hier am ehesten auf Grund von Ressourcen wie Futter oder Liegeplätzen.

FUTTERUMSTELLUNG NICHT ZU RASCH

Möchten Sie Ihren Welpen auf anderes Futter umstellen, warten Sie ein paar Tage damit. Die erste Aufregung sollte sich vorher gelegt haben. Einige Welpen reagieren auf zu viele Veränderungen nämlich mit Verdauungsschwierigkeiten.

FUTTER

Wenn Ihr Welpe einigermaßen zur Ruhe gekommen ist, bieten Sie ihm gern etwas zu fressen an – mit gefülltem Bauch ist das Heimweh besser zu ertragen – und bringen ihn anschließend zum Sich-Lösen raus. Idealerweise haben Sie im Vorfeld mit dem Züchter besprochen, womit und wie häufig Ihr Welpe gefüttert werden soll. Es bietet sich an, vorerst das vom Züchter verwendete Futter weiterzufüttern. Die meisten Züchter geben den Käufern ein Startpaket mit.

LIEGEPLATZ UND ZUBEHÖR

Sie sollten für Ihren Welpen mindestens einen Liegeplatz bereitstellen. Dabei ist es in erster Linie Geschmackssache, ob man sich für einen Korb, ein Kissen oder eine Box entscheidet. Denken Sie aber daran, dass die Zähne der Kleinen am Anfang vor kaum et-

Stubenreinheit muss gelernt werden.

was Halt machen und es sich durchaus lohnen kann, etwas Robusteres zu verwenden. Wählen Sie den Platz für Ihren Welpen so aus, dass er die Möglichkeit hat, zur Ruhe zu kommen und trotzdem dabei sein zu können. Des Weiteren sollten Sie sich ein mitwachsendes, aber fest stehendes Halsband, eine dem Hund angepasste Leine sowie Futter- und Trinknapf zulegen.

DIE ERSTEN TAGE

KENNENLERNEN UND ERSTE REIZE

Nachdem Ihr Welpe eingezogen ist, sollten ein paar Tage der Eingewöhnung und des gegenseitigen Kennenlernens folgen.
Es ist spannend zu erkennen, welche kleine Persönlichkeit da eingezogen ist. Das Wissen über deren Stärken und Schwächen ist eine wichtige Voraussetzung für das gemeinsame Leben und Arbeiten.
Haben Sie sich aneinander gewöhnt und ist Ihr Welpe richtig bei Ihnen angekommen, sollten Sie ihm nach und nach neue Reize bieten. Ihr Welpe befindet sich in der wichtigen Phase seiner Sozialisierung und Habituation. Umso mehr er hier kennenlernen und erleben kann, umso besser ist er auf spätere Eventualitäten vorbereitet. Übertreiben Sie es aber nicht, Eindrücke müssen auch verarbeitet werden.

BEWEGUNG – WIE VIEL?

Immer wieder gibt es Unsicherheiten darüber, wie viel Bewegung für einen Welpen gut ist. Grundsätzlich soll der Welpe möglichst viel an Ihrem Alltag teilnehmen können. Ausreichende Ruhephasen sind dabei wichtig. Je nach Rasse und Alter ist es unterschiedlich, wie viel Bewegung der Welpe von sich aus anbietet. Bei Welpen geht es anfangs hauptsächlich darum, den Körper zu schulen, Muskeln und Bänder zu aktivieren und ein Körpergefühl zu entwickeln.
Spaziergänge sollen anfangs kleine Erlebnisrunden sein, erkunden Sie mit dem Welpen eine Wiese, ein Waldstück oder eine kleine Dickung. Machen Sie also keine ausgiebigen Spaziergänge. Manche Welpen gehen über ihre Grenzen, auch um den Anschluss nicht zu verlieren. Beobachten Sie Ihren Welpen

NASE REIN? – UNSINN!
Völlig unsinnig und längst überholt ist die Methode, die Nase eines Hundes in seine Exkremente zu stecken, falls ein Malheur im Haus passiert ist. Der Welpe muss erst lernen, wo das Sich-Lösen erlaubt ist. Darüber hinaus ist seine Blase anfangs noch sehr klein und muss trainiert werden.

gut: Zeigt er Anzeichen von Müdigkeit oder kein Erkundungsverhalten mehr, tragen Sie ihn ein Stück beziehungsweise beenden den Ausflug.
Generell ist es wichtig, dass der Welpe viel schläft, um seine Eindrücke gut zu verarbeiten. An einem ruhigen Liegeplatz sollte das gut gelingen. Hat der Welpe jedoch viel erlebt oder findet er allein nicht zu Ruhe, ist es ratsam, ihn zu unterstützen, z. B. durch körperliche Begrenzung wie Anleinen oder in einer Box.

STUBENREINHEIT

Der Welpe lernt um die vierte Lebenswoche, welche Untergründe sich zum Lösen eignen. Welpen, die in ihrer Aufzuchtzeit ausschließlich drinnen gehalten wurden, sind es häufig gewohnt, auf flauschigem Untergrund wie Decken oder Teppichen oder auf glatten Böden wie Fliesen oder Laminat ihr Geschäft zu erledigen. Diese Hunde müssen sich erst einmal daran gewöhnen, dass der Teppich im Wohnzimmer beziehungsweise Fußboden im Haus nicht die gewünschten Orte für diese Vorhaben sind. Aber auch Welpen, die den Rasen als bevorzugten Platz anerkannt haben, vergessen sich schon mal im Eifer des Gefechts. Die Blase eines Welpen ist noch klein und somit sind die Intervalle zwischen dem Sich-Lösen relativ kurz. Als Faustregel kann man sagen: Nach jedem Schlafen, Fressen und Spielen rausgehen. Ein hierbei konditioniertes Wort wie „Geh pieseln“ o. ä. kann später durchaus hilfreich

Ein sicherer Rückzugsort ist wichtig, um das bunte Leben verarbeiten zu können.

sein. Loben Sie den Welpen ausgiebig, wenn er sein Geschäft verrichtet.
Wenn's passiert …
Sollte Ihr Welpe sich vor Ihren Augen in der Wohnung lösen wollen, sagen Sie deutlich „Nein!", nehmen ihn schnell hoch und bringen ihn umgehend raus. Dort warten Sie möglichst so lange, bis er sich erneut löst, und loben ihn wieder dabei. Haben Sie es gar nicht mitbekommen und stolpern zufällig über die Exkremente, verzichten Sie auf großartiges Schimpfen! Passen Sie beim nächsten Mal einfach besser auf. Entfernen Sie das Malheur und desinfizieren es gut, damit der Geruch nicht zum erneuten Lösen an diesem Ort einlädt.
Immer wieder kommt es vor, dass man eine gefühlte Ewigkeit mit dem Welpen draußen war, und kaum ist man in der Wohnung angekommen, löst sich der Kleine völlig erleichtert. Meistens liegt dies an den vielen Eindrücken draußen, wo dann förmlich die Ruhe beziehungsweise die Entspannung zum Sich-Lösen fehlte. In diesem Fall sollten Sie möglichst immer die gleiche langweilige Stelle aufsuchen, sich gar nicht zu viel bewegen und abwarten.
Nachts bietet es sich an, den Welpen neben dem Bett zu haben, gegebenenfalls in einer Box oder einfach in einem Karton. So bekommen Sie es am besten mit, wenn er sich lösen muss. Nach der Eingewöhnung entscheiden Sie dann, wo Ihr Hund in Zukunft schlafen soll.

ALLEIN BLEIBEN

Es ist wichtig, den Welpen langsam an das Alleinsein zu gewöhnen, nehmen Sie sich hierfür ausreichend Zeit. Beginnen Sie mit eher beiläufigen Trennungen, gehen Sie z. B. allein ins Bad und schließen die Tür für einen kurzen Moment. Machen Sie ruhig Unterschiede: Manche Räume darf Ihr Hund grundsätzlich betreten, andere sind für ihn tabu. Auf diese Weise erfährt er die ersten kurzen Trennungen und lernt das Akzeptieren von verbotenen Bereichen.
Stellen Sie Ihrem Welpen einen festen Liegeplatz zur Verfügung, auf den er sich zurückziehen und wo er sich sicher fühlen kann. Schläft Ihr Welpe z. B. nachts in einer Hundebox, stellen Sie ihm diese Box auch jetzt zur Verfügung. Steigern Sie die Zeitintervalle des Alleinseins Stück für Stück und gehen Sie erst zu Ihrem Welpen zurück, wenn er ruhig ist.

KEIN GROSSES AUFSEHEN

Klappt das gut, können Sie nach und nach die Wohnung verlassen; gehen Sie kurz den Müll rausbringen oder zum Briefkasten. Auch hier steigern Sie die Zeitintervalle langsam. Am leichtesten fällt Ihrem Welpen das Alleinsein, wenn alle anderen Bedürfnisse befriedigt sind, er sich also gelöst hat, müde und satt ist. Sie können ihm zusätzlich etwas Leckeres zum Kauen anbieten.

Reviererkundung

Gestalten Sie ihr Gehen und Zurückkommen so beiläufig wie möglich. Verabschieden und begrüßen Sie sich nicht großartig. Sollte Ihr Welpe sich gelöst, laut geweint oder etwas zerstört haben, schimpfen Sie nicht.

ALLEINSEIN IM ZWINGER

Möchten Sie Ihren Hund später auch zeitweise im Zwinger allein lassen, beginnen Sie auch hier mit kurzen Zeitintervallen. Idealerweise bleibt Ihr Junghund schon gut im Haus allein, bevor Sie mit dem Zwinger starten. Nutzen Sie die Zwischenzeit, indem Sie den Zwinger zu einem angenehmen und gern genutzten Ort werden lassen. Hierzu füttern Sie Ihren Welpen häufiger im Zwinger, geben ihm dort seine Kauknochen und halten sich zwischendurch immer mal wieder mit ihm darin auf. Oftmals kennt der Welpe den Zwinger bereits vom Züchter, trotzdem muss er erst lernen, dort auch allein zu bleiben.

UMWELTSICHERHEIT

Das Leben ist bunt und man weiß nie, wie es sich verändern kann. Aus diesem Grund sollte Ihr Hund nicht nur Hof und Revier kennenlernen.
Um eine möglichst optimale Umweltsicherheit zu erreichen, sollte der Welpe in den ersten Wochen (idealerweise bis zur 16. Woche) ausreichend verschiedene Orte und Situationen kennenlernen (Habituation). Hierzu können Sie einiges beitragen. Besuchen Sie mit Ihrem Welpen die Stadt, den Bahnhof oder den Wildpark. Konfrontieren Sie ihn mit Alltagssituationen wie dem Aufspannen eines Regenschirms, dem Tragen eines Regencapes oder eines Motorradhelms. Lassen Sie ihn Radfahrer, Jogger, Inlineskater, Reiter, Schafe, Kühe und Autos kennenlernen. Vor allem, wenn Sie selbst und gegebenenfalls auch der Züchter sehr abgelegen wohnen, gibt es noch viel zu entdecken. Beobachten Sie Ihren Welpen gut und überfordern Sie ihn nicht. Alle gemachten Eindrücke müssen auch verarbeitet werden. Natürlich soll Ihr Welpe ausreichend Möglichkeiten zur sozialen Interaktion bekommen. Es ist aber sinnvoll, diese nur kontrolliert zu erlauben. Lassen Sie Ihren Welpen nicht unkontrolliert, weder frei noch angeleint, zu anderen Hunden oder Menschen laufen. Ihr Welpe soll von Anfang an lernen, dass Sie eine wichtige Rolle spielen, auch wenn die Ablenkung hoch ist. Lassen Sie Ihren Welpen erst auf Ihr Kommando – z. B. „Lauf!" – hin frei, wenn er sich Ihnen kurz zugewendet hat. Das Ziehen an der Leine darf nicht zum Erfolg führen. Zugegeben, das ist am Anfang wirklich schwer, zahlt sich aber aus.

BEGEGNUNG MIT ARTGENOSSEN

Lassen Sie Ihren Welpen nicht zu angeleinten Hunde. Durch deren eingeschränkten Bewegungsfreiraum kann es schnell zu Konflikten kommen, auch wenn der Kontakt

WAS TUN BEI FURCHT?

Ein Welpe darf sich vor neuen, beeindruckenden Ereignissen fürchten, das ist eine ganz normale Reaktion. Wichtig ist für ihn die Möglichkeit, sich mit der betreffenden Situation auseinanderzusetzen. Unterstützen Sie Ihren Welpen, indem Sie ihm Rückhalt geben, zwingen Sie ihn nicht, gegen seinen Willen über sich hinauszuwachsen. Gehen Sie erst aus der Situation heraus, wenn sich Ihr Welpe entspannt hat. Hat Ihr Welpe das Erlebnis gut verarbeiten können, wird er beim nächsten Mal unbefangener mit der gleichen oder einer ähnlichen Situation umgehen.

Ein Rückruf aus dieser Spielsituation ist noch zu schwer.

freundlich beginnt. Darüber hinaus ist es angenehm, wenn Ihr Hund gar nicht auf die Idee kommt, angeleint zu einem anderen Hund zu ziehen, weil er es von Anfang an nie durfte. Zu anderen freilaufenden Hunden lassen Sie Ihren Hund nur Kontakt haben, wenn das von beiden Seiten gewünscht ist, und klären Sie vorher, ob der andere Hund Welpen mag. Noch einmal: Es gibt keinen generellen Welpenschutz!

DER SPIELENDE WELPE

Steckt Ihr Welpe im Spiel, vermeiden Sie dauerhaftes Rufen, wahrscheinlich wird er Sie im Moment gar nicht hören. Das ist in diesem Alter völlig normal und muss erst mit einem guten Rückruftraining geübt werden. Lassen Sie ihn also einfach etwas entspannt spielen und passen dann einen günstigen Moment ab, um Ihren Welpen wieder zu sich zu holen.

FÜTTERUNG UND REVIERGÄNGE

FUTTER – WIE OFT UND WIE VIEL?

Die meisten Welpen werden beim Züchter drei- bis viermal am Tag gefüttert. Behalten Sie noch einige Zeit eine mindestens dreimalige Fütterung bei. Ihr Welpe benötigt im Verhältnis zu Körpergröße und Gewicht eine ziemlich große Menge an Futter. Diese Menge ist bekömmlicher, wenn sie auf mehrmaliges Füttern verteilt wird. Später können Sie zu zweimaligen oder auch einmaligem Füttern übergehen.

Behalten Sie Leckerli- und Knabbergaben immer im Blick und passen Sie gegebenenfalls die Futtermenge etwas an. Ein Welpe sollte schlank und eher etwas „hager“ aufwachsen, zu viel Gewicht belastet Gelenke und Knochen unnötig.

Achten Sie unbedingt auf eine ausgewogene und hochwertige Ernährung, damit beugen Sie bereits vielen eventuellen späteren Erkrankungen vor.

AB INS REVIER

Unternehmen Sie von Anfang an kurze Reviergänge mit Ihrem Welpen. Für ihn ist es wichtig, alle möglichen Revierarten kennenzulernen. Zeigen Sie ihm Wald- und Feldreviere gleichermaßen. Findet Ihr Welpe Witterungen, Fährten und Spuren, lassen Sie ihn diese ausgiebig untersuchen und loben Sie ihn dafür.

Machen Sie Erkundungstouren abseits der Wege, zum nächsten Gewässer, an eine Suhle oder eine Sasse. Ihr Welpe wird alles in sich aufsaugen.

GRUNDERZIEHUNG

SOZIALES LERNEN

Sie haben sich für einen Hund entschieden, der Sie auf der Jagd, außerdem aber auch im Alltag begleiten wird. Seine Erziehung von Anfang an ist entscheidend für ein harmonisches Zusammenleben. Sie beginnt ab dem ersten Moment des Miteinanders.

Neben dem Erlernen von Formalien wie z. B. „Sitz" und „Platz" beinhaltet die Erziehung das sogenannte soziale Lernen, das heißt das Erlernen sozialer Kompetenzen. Diese sind wichtig im innerartlichen und zwischenartlichen Umgang zweier Individuen und innerhalb sozialer Gruppen. Auch Sie als Familie bilden, mit Ihrem Hund, eine soziale Gruppe – und kein „Rudel", wie es gern bezeichnet wird.

Sie „müssen" sich darüber im Klaren sein, was Sie von Ihrem neuen Familienmitglied erwarten und was für Sie ein No-Go ist. Machen Sie sich das Leben leichter, indem Sie an Regeln und Strukturen festhalten. Ihr Welpe braucht einen sicheren Rahmen, der durch Sie zuverlässig geboten wird. Wichtig ist hierbei z. B. nicht, ob Ihr Hund auf das Sofa darf oder nicht, vielmehr geht es darum, wer von Ihnen beiden die Entscheidung im Einzelfall trifft. Sie oder der Hund. Bei aller Wichtigkeit der Erziehung, bleiben Sie gelassen. Vieles ergibt sich auch einfach aus dem alltäglichen Zusammensein mit Ihrem Hund.

WELPENGRUPPEN

Für das Erlernen und Üben innerartlichen Umgangs bieten sich gut geführte Welpengruppen an. Hier sollten die jungen Hunde die Möglichkeiten haben, soziale Interaktion zu üben, sich auszuprobieren, streiten zu können und ein adäquates Konfliktverhalten zu lernen. Trotz genügend Raums für eigene Erfahrungen muss der Hundetrainer hier in der Lage sein, Verhalten richtig einzuschätzen und gegebenenfalls im angemessenen Maße einzugreifen. Neben dem Erlernen der gängigen Kommandos ist es wichtig, die jeweiligen Talente der Hunde zu erkennen und die jeweils anderen Bereiche zu fördern. Bei

KEINE JAGDLICHE WELPENGRUPPE?

Wenn es in Ihrer Nähe keine jagdlich ausgerichtete Welpengruppe gibt, sprechen Sie Ihre ansässigen Hundeschulen an und thematisieren Sie Ihr jagdliches Ausbildungsziel. Ihr Welpe sollte auf jeden Fall ausreichend soziale Kontakte geboten bekommen.

Auch in der Welpengruppe ist Streiten erlaubt.

Dieser Hund hat die Beißhemmung gelernt.

Mathe Note eins und Deutsch Note sechs ist die Nachhilfe in Deutsch nötig. Ruheübungen, Erlernen von Frustrationstoleranz, Impulskontrolle, aber auch die Schulung der Motorik und natürlich jagdliche Themen runden eine gute Welpengruppe ab.

FRUSTRATIONSTOLERANZ UND IMPULSKONTROLLE

Im Laufe seines Lebens erfährt Ihr Hund immer wieder Situationen, in denen er mit Frust konfrontiert wird und seinen Impulsen keinen freien Lauf lassen kann. Er wird sich mit Enttäuschungen, Langeweile, ungeliebten Anforderungen und gesetzten Grenzen auseinandersetzen müssen. Die damit verbundene Notwendigkeit der Frustrationstoleranz und Impulskontrolle durch Selbstregulierung muss er bereits als Welpe erlernen. Diese Fähigkeit ist die Grundlage für das Erlernen von sozialen Kompetenzen und von Formalien wie „Sitz", „Platz", „Nein", „ Aus" und den Rückruf.
Beginnen Sie unbedingt frühzeitig damit, Ihren Welpen in diesem Bereich gut aufzustellen (s. S. 58: „Spezial Frustrationstoleranz und Impulskontrolle").

BEISSHEMMUNG

Unter Beißhemmung versteht man im Allgemeinen die Fähigkeit des Hundes, die Intensität seines Zubeißens zu kontrollieren und der gegebenen Situation anzupassen. Auch diese Fähigkeit muss er bereits im Welpenalter erlernen. Das beginnt im Alter von ca. vier bis fünf Wochen.

„MIESE STIMMUNG" UNTER WURFGESCHWISTERN

Hier erfährt der Welpe im Umgang mit seiner Mutter und seinen Wurfgeschwistern erste Konsequenzen auf zu festes Zupacken. Beißt der Welpe also seinem Wurfgeschwister im Spiel zu herzhaft ins Ohr oder in dem Nacken, wird dieser eine Reaktion zeigen. Er wird wahrscheinlich quieken, das Spiel jäh unterbrechen und sich, je nach Situation, wehren oder zurückziehen. Das Spiel und die gute Stimmung sind auf jeden Fall unterbrochen.

ETABLIEREN DER BEISSHEMMUNG

Auch im Umgang mit dem Menschen muss der Welpe den angepassten Umgang mit seinen spitzen Zähnen lernen. Der Züchter wird dieses im täglichen Umgang mit den Welpen bereits angefangen haben. Im weiteren Verlauf ist es dann Ihre Aufgabe, die Beißhemmung zu etablieren.
Verdeutlichen Sie Ihrem Welpen von Anfang an, was ein geduldetes Knabbern und was unzulässiges schmerzhaftes Zufassen ist. Versuchen Sie es anfangs mit einem Unmutslaut und der sofortigen Unterbrechung des Spiels oder der Zuwendung. Sollte dies nach einigen Versuchen nicht zu einer entsprechenden Reaktion führen, müssen Sie deutlicher werden. Unterbrechen Sie sein Zubeißen z. B. mit einem Schnauzengriff.
Hat Ihr Welpe einmal gelernt, sensibel mit seinen spitzen Zähnen umzugehen, wird er diese in der Zukunft auch in anderen Zusammenhängen angepasst einsetzen, z. B. beim Apportieren.

FORMALES LERNEN

Neben sozialen Kompetenzen, die für ein reibungsloses Zusammensein mit Artgenossen und Menschen unverzichtbar sind, muss der Welpe auch Formalien lernen.

„SITZ!"

„Sitz" ist ein Kommando, das eigentlich jeder Hund sehr schnell erlernt. Es bietet uns die Möglichkeit, dem Hund eine gewisse Form zu geben, wenn er auf einer Stelle bleiben soll. Dies fällt den meisten Hunden mit einer gezielten Ansage wie „Sitz!" deutlich leichter.

BEIBRINGEN VON „SITZ"

Zu Beginn üben Sie mit Ihrem Welpen am besten im Haus oder Garten. Hier sind die Ablenkungen noch recht gering. Im ersten Schritt wollen Sie Ihrem Hund etwas beibringen und dabei ist eine möglichst störungsarme Umgebung von Vorteil. Sie haben im Vorfeld schon herausgefunden, womit Sie Ihren Welpen am besten belohnen können, in unserem Fall sei dies Futter.
Legen Sie sich die Belohnung zurecht und sprechen Sie Ihren Welpen an. Ist er aufmerksam, halten Sie ihm ein Stück Futter dicht über seine Nase und führen die Hand leicht nach hinten über den Kopf, bis Ihr Welpe sich automatisch setzt. In dem Moment, in dem der Hintern Ihres Welpen den Boden berührt, bekommt er das Futter. Dies wiederholen Sie einige Male, bis Sie das Gefühl haben, Ihr Welpe hat verstanden, dass „Hintern auf dem Boden" Futter bedeutet. Die Handlung wird in diesem Kontext durch Ihren Hund also zuverlässig gezeigt. Erst jetzt fügen Sie das Kommando „Sitz!" hinzu. Wenn Ihr Welpe sich hinsetzt, sprechen Sie das Wort „Sitz" in genau dem Moment, in dem der Hintern Ihres Welpen den Boden berührt. Hierbei lernt er, dass die Handlung des Hinsetzens „Sitz" bedeutet. Er bekommt weiterhin seine Belohnung fürs Hinsetzen. Mit der Belohnung ist die Übung abgeschlossen. Wiederholen Sie diesen Ablauf einige Male, bis die Verknüpfung Wort und Handlung abschließend erfolgt ist.
Im weiteren Verlauf soll Ihr Welpe lernen, dass er erst wieder aufstehen darf, wenn Sie das Kommando auflösen. Sinnvollerweise verknüpfen Sie hierzu die Futtergabe z. B. mit dem Wort „Gut". Anfangs passieren diese Abläufe fast zeitgleich. Ihr Welpe setzt sich also hin, Sie sagen „Sitz!", geben ihm das Futter und im Anschluss gleich das Auflösewort „Gut".

„SITZ" ALS KOMMANDO

Im nächsten Schritt fordern Sie Ihren Welpen durch das gelernte Wort Sitz zum Hinsetzen auf, Sie geben es also erstmals als Kommando. Er wird sich setzen und seine verdiente Belohnung erwarten. Belohnen Sie

anfangs immer für das Ausführen Ihres Kommandos. Führt Ihr Welpe es nicht aus oder steht auf, bevor Sie es aufgelöst haben, müssen Sie dieses Verhalten korrigieren. Bei manchen Welpen genügen eine verbale Korrektur durch einen Unmutslaut wie „Na!" und die erneute Wiederholung des Kommandos. Hartnäckigere Vertreter muss man schon mal kurz anschubsen oder sogar körperlich ins Sitz bringen.
Vermeiden Sie unbedingt, als Korrektur ausschließlich das Kommando zu wiederholen, das hat nichts mit Korrektur zu tun. Ihr Welpe muss registrieren, dass sein Verhalten unerwünscht ist. Durch das Wiederholen des Kommandos nach der erfolgten Einwirkung stellen Sie noch mal die Aufgabe klar.

GENERALISIEREN UND ABSICHERN

Nachdem Ihr Welpe das Kommando Sitz erfolgreich erlernt hat, gehen Sie dazu über, diese Übung an verschiedenen Orten zu generalisieren und die Anforderungen Stück für Stück durch Ablenkungen zu steigern. Nutzen Sie als Ablenkungen z. B. Futter, das Sie neben Ihren sitzenden Welpen legen, lassen Sie andere Hunde an ihm vorbeigehen, oder setzen Sie auch die Reizangel zur Ablenkung ein. Steigern Sie die Ablenkungen langsam, Ihr Welpe muss das leisten können.

ANBINDEN HILFT

Manchen Hunden fällt es anfangs schwer, das Kommando „Sitz!" über größere Entfernung auszuführen. Sie nähern sich erst an und setzen sich dann: Sie haben „Sitz" ja in dem Kontext gelernt, dass der Hundeführer in der Nähe ist. Solch einem Hund hilft man am einfachsten, indem man ihn z. B. an einem Baum anbindet, sich ein Stück entfernt und ihn dann zum Hinsetzen auffordert. Durch die Begrenzung der Leine wird der Hund das Setzen auf Entfernung schnell lernen.

„SITZ" AUF ENTFERNUNG

Haben Sie Ihrem Welpen erfolgreich das Sitz im Nahbereich beigebracht, übertragen Sie das Kommando auch auf die Distanz. Lassen Sie Ihren Welpen sitzen und entfernen Sie sich anfangs nur ein kleines Stück von ihm. Das Kommando „Bleib!" o. Ä. ist nicht erforderlich. Ihr Welpe hat ja gelernt, so lange sitzen zu bleiben, bis Sie das Kommando auflösen. Korrigieren Sie ihn also, falls er aufstehen sollte, und belohnen Sie ihn für sein ruhiges Sitzenbleiben. Die Distanz steigern Sie Stück für Stück. Später können Sie Ihrem Welpen dann das Kommando „Sitz!" auf größere Entfernung geben.

„PLATZ!"

Im Alltag, aber auch auf der Jagd gibt es immer wieder Situationen, in denen unser Hund Pause hat oder sich ruhig verhalten soll. In diesen Situationen bietet sich das „Platz" an. Ihr Hund kann sich entspannt hinlegen und abwarten, was als Nächstes passiert. Bei den meisten Hunden ist die Hemmschwelle, aus dem Liegen aufzustehen und sich zu entfernen, größer als aus dem Sitz oder gar dem Stand. Am Anfang bringen wir das Kommando „Platz" bei.
Später, wenn der Hund älter ist, sich dementsprechend besser konzentrieren kann und das „Platz" durchgesetzt ist, kommt das Kommando „Ablegen" hinzu. Hier besteht der Unterschied in der absoluten Konsequenz und Zuverlässigkeit der Durchführung. Der Hund muss lernen, dass er aus dem „Ablegen" niemals selbstständig aufstehen darf, er wird immer abgeholt. Ist dies für den Hund absolut klar, fällt es ihm leichter, sich zu entspannen, er braucht in keinerlei Erwartungshaltung sein. Das sichere Ablegen bedarf einer gewissen mentalen Reife und einer hohen Form der Frustrationstoleranz. Beginnen Sie daher damit erst zu einem späteren Zeitpunkt der Ausbildung.

Leckerli zeigen

Den Hund in Ruhe …

… ausprobieren lassen

Der Hund wird für gewünschtes Verhalten belohnt.

Der Hund wird für das Sitzenbleiben belohnt.

Der Hund hat Sitz auf Handzeichen gelernt.

01

02

03

04

BEIBRINGEN VON „PLATZ"

Möglichkeit 1

Schaffen Sie, wie bereits beim Beibringen vom Sitz, die entsprechenden Rahmenbedingungen für ein gutes Lernen. Bringen Sie nun Ihren Welpen ins „Sitz" und halten Sie ihm ein Stück Futter vor die Nase. Führen Sie jetzt Ihre Hand relativ dicht und langsam vor der Brust des Welpen auf den Boden. Folgt Ihr Welpe der Hand und legt sich hin, bekommt er das Futter in dem Moment, in dem seine Ellenbogen den Fußboden berühren. Manchmal dauert es etwas und der Welpe versucht an das Futter zu kommen, ohne sich hinzulegen. Lassen Sie in diesem Fall Ihre Hand mit dem Futter ruhig auf dem Boden. Ihr Welpe darf ein bisschen ausprobieren, die meisten kommen doch recht schnell auf die Lösung. Achten Sie darauf, seitlich von Ihrem Hund zu sein, damit Sie sein Hinlegen nicht behindern. Klappt der erste Schritt, verfahren Sie weiter, wie unter „Beibringen von ‚Sitz'" (S. 77) beschrieben.

Möglichkeit 2

Es gibt eine weitere Möglichkeit, dem Welpen verständlich zu machen, dass er sich hinlegen soll: Setzen Sie sich selbst auf den Boden und stellen Ihre Beine, angepasst an die Größe Ihres Welpen, angewinkelt auf. Animieren Sie nun den Welpen mit der Hilfe von Futter dazu, unter Ihre angewinkelten Beine zu kriechen. Befindet sich der Hund rechts von Ihren Beinen, führen Sie Ihre Futterhand von links unter Ihre Beine. So können Sie den Welpen Stück für Stück weiterlocken. Berühren seine Ellenbogen den Fußboden, gibt es Futter. Der sich anschließende weitere Verlauf entspricht dem oben beschriebenen.

01 Die Futterhand zeigt den Weg zum Boden.
02 Lassen sie dem Welpen Zeit auszuprobieren.
03 Belohnen Sie den Hund für das Liegen.
04 Möglichkeit zwei: Futter unter dem Bein anbieten

„NEIN!" UND „AUS!"

„Nein" und „Aus" sind am Anfang doch recht häufig benötigte Kommandos. Hierbei meint „Aus", dass der Hund etwas loslässt, das er im Fang hat. Zuverlässig ausgeführt, benötigen wir das „Aus" später beim Apportieren. Aber auch andere, z. B. nicht für den Hund bestimmte Gegenstände soll er uns, ohne diese zu verteidigen oder anderweitig zu sichern, zuverlässig überlassen. An dieser Stelle soll Kooperation über Konkurrenzverhalten überwiegen.
„Nein" meint einen Verhaltensabbruch, also das Nichttun oder Unterlassen einer Handlung. Hierbei wollen wir eine Hemmung herstellen, aber kein generelles Meideverhalten erreichen. Ihr Hund soll ja zukünftig nicht jedes Stück Fleischwurst verschmähen, nur weil Sie ihm erklärt haben, dass er es Ihnen nicht aus der Hand klauen soll. Genauso wenig soll er hier lernen, Sie zu meiden. Beenden Sie die Übungen daher immer in einer guten Stimmung, während der Hund dicht bei Ihnen ist.

„NEIN" BEIBRINGEN

Nehmen Sie etwas Futter in die Hand und zeigen es Ihrem Welpen, gegebenenfalls darf er auch etwas davon haben. Dann schließen Sie die Hand in dem Moment, in dem Ihr Welpe an das Futter möchte, und bestehen auf Abstand. Ihr Welpe soll also Ihre Futterhand nicht berühren, beschnüffeln o. Ä.
Bei manchen Hunden reicht es, wenn Sie die Hand immer in dem Moment schließen, in dem der Welpe sich dem Futter nähern will. Sollte dies nicht der Fall sein, schubsen Sie ihn z. B. mit der freien Hand an der Brust leicht weg. Sie können ihm aber auch auf die Nase ticken oder ihm kurz etwas ins Fell an der Flanke zwicken, um ihn davon zu überzeugen, Ihre Hand in Ruhe zu lassen. Die Hand mit dem Futter lassen Sie jedoch ruhig stehen, wo sie ist. In dem Moment, in dem von Ihnen eine Einwirkung kommt, sagen Sie deutlich, aber weder laut noch böse, das Wort „Nein!".

„AUS" BEIBRINGEN

Am Anfang ist es eine gute Idee, Beute mit dem Hund zu tauschen. Der Tausch kann gegen Futter oder gegen eine andere begehrte Beute erfolgen. Kommt Ihr Welpe mit Beute zu Ihnen, lassen Sie ihn dicht an sich herankommen und streicheln ihn, greifen Sie dann eher beiläufig und unaufgeregt die Beute im Fang und zeigen ihm gleichzeitig das Tauschobjekt. Lässt Ihr Welpe seine Beute los, um sich die andere zu schnappen, sagen Sie das Kommando „Aus!" und geben ihm anschließend das Tauschobjekt als Verstärkung.
Neigt Ihr Welpe dazu, vor Ihnen wegzulaufen, um die Beute zu sichern, sollten Sie mithilfe einer Schleppleine arbeiten. Üben Sie das „Aus" mit verschiedener Beute, nehmen Sie für den Hund sehr hochwertige Beute, z. B. einen Fleischknochen o. Ä., erst, wenn die Übung „Aus" schon recht gut klappt.
Sollte Ihr Welpe die Beute partout nicht hergeben wollen, können Sie seinen Fang öffnen und ihm im Anschluss trotzdem ein Tauchgeschäft anbieten.

„NEIN" UND „AUS" – ERST VERSTEHEN!

Es ist wichtig, dem Welpen die Kommandos „Nein" und „Aus" erst beizubringen und nicht vorauszusetzen, dass er mit diesen Begriffen bereits etwas anfangen kann. Geben Sie Ihrem Welpen die Chance zu wissen, was Sie wollen, nur dann kann er sich entsprechend verhalten. Die Technik und Intensität ist gerade hier sehr von der jeweiligen Hundepersönlichkeit abhängig: Versuchen Sie, genau hinzuschauen, ob Ihr Welpe Sie verstanden hat und die Ansage vor allem auch akzeptiert.

In der weiteren Ausbildung muss der Hund natürlich lernen, Beute auch ohne Tauschobjekt abzugeben. Dies wird ihm aber durch die gute Vorarbeit, auch im Bereich der Frustrationstoleranz, gut gelingen.

Welpe will und darf die Beute haben.

Schnauzengriff, falls der Hund nicht „Aus" gibt

Wiederholen, bis das „Aus" gelernt ist

RÜCKRUF

Lassen Sie Ihren Welpen, wenn es die Umgebung erlaubt, möglichst viel ohne Leine laufen. Achten Sie von Anfang an darauf, sich nicht zu sehr um Ihren Welpen zu bemühen: Wenn möglich, soll er sich schon von Beginn an daran gewöhnen, selbst darauf zu achten, dass er den Anschluss nicht verliert.
Folgt Ihr Welpe Ihnen von sich aus, können Sie dieses Verhalten immer wieder nutzen, um das „Komm!" zu etablieren. Ist Ihr Welpe also eh schon in Ihre Richtung unterwegs, drehen Sie sich zu ihm, rufen ihn mit seinem Namen und dem Kommando „Komm!" freudig zu sich. Die meisten Welpen motiviert es zusätzlich, wenn Sie sich hinhocken und z. B. die Arme ausbreiten oder leicht in die Hände klatschen.

WENN DIE RICHTUNG NICHT STIMMT

Ist Ihr Welpe gerade in eine andere Richtung unterwegs, so machen Sie Ihren Welpen z. B. durch Rufen seines Namens oder Klatschen auf sich aufmerksam und locken ihn durch Rückwärtsgehen oder Hinhocken zu sich. Läuft Ihr Welpe dann in Ihre Richtung, loben Sie ihn und rufen das Wort „Komm!". Bei Ihnen angekommen, darf der Hund gern eine tolle Belohnung bekommen. Halten Sie ihn einen kleinen Moment locker bei sich und geben ihn dann aktiv durch ein Kommando wie z. B. „Lauf!" oder „Gut!" wieder frei.
Bestehen Sie an dieser Stelle und in diesem Alter noch nicht auf einem „Sitz" o. Ä., das „Komm" soll erst mal Spaß machen und belohnt werden. Natürlich können Sie sich auch immer mal verstecken, wenn der Welpe nicht aufpasst. Oder eine Begleitperson hält den Hund fest, während Sie sich sichtig entfernen und ihn dann, wie oben beschrieben, zu sich rufen. Das Bedürfnis, zu Ihnen zu kommen, wird durch das Festgehaltenwer-

den, das heißt das Gefühl, Sie aus den Augen verloren zu haben, gesteigert, und der Welpe wird umso freudiger zu Ihnen kommen.

KÖRPERKONTROLLE

Es ist für einen Hund unumgänglich, dass er sich mindestens von seinem Hundeführer am ganzen Körper anfassen, untersuchen und gegebenenfalls versorgen lässt. Idealerweise übt man dieses Handling mit verschiedenen Personen, denn damit ersparen Sie Ihrem Hund, aber auch Ihrem Tierarzt und nicht zuletzt sich selbst unangenehme und stressige Situationen im Ernstfall einer notwendigen Untersuchung. Darüber hinaus ist die Zahn- und Hodenkontrolle bei den Zucht- und Leistungsprüfungen im Rahmen der Formbewertung Standard und sollte dort also problemlos möglich sein.
Setzen Sie sich zu Ihrem Welpen auf den Fußboden, halten Sie ihn leicht fest und beginnen Sie damit, seinen Körper abzutasten und zu begutachten. Idealerweise liegt Ihr Welpe hierbei auf der Seite. Schauen Sie in die Ohren, den Fang und zwischen die einzelnen Zehen. Lässt Ihr Welpe dies ruhig über sich ergehen, streicheln Sie ihn noch etwas und lassen ihn dann wieder frei. Wiederholen Sie die Übung in regelmäßigen Abständen.
Klappt diese Übung problemlos, wenden Sie sich der Zahnkontrolle zu. Hierzu kann Ihr Welpe auch gern sitzen oder stehen. Einige nehmen später ihren großen Hund auch so hoch, dass er auf den Hinterläufen steht und eine andere Person die Zahnkontrolle rückenschonend durchführen kann. Kleine Hunde kann man dabei auch auf den Arm nehmen. Wie Sie Ihren Hund halten, ist eigentlich egal, solange ausreichend geübt wurde und das Geschehen den Hund später nicht in zu großen Stress versetzt.
Bei der Zahnkontrolle ist es wichtig, dass man sich die Zähne bei geschlossenem und geöffnetem Fang anschauen kann, um sowohl die Stellung der Schneidezähne als auch die Vollständigkeit des Gebisses beurteilen zu können. Gehen Sie behutsam, aber bestimmt vor. Ist Ihr Welpe infolge des Zahnwechsels zu bestimmten Zeiten sehr empfindlich am Fang, so verschieben Sie die Übung einige Tage.

„KOMM" MUSS ERST VERKNÜPFT WERDEN

Achtung: Das Rückrufwort „Komm!" wird anfangs immer nur dann verwendet, wenn Ihr Welpe auch sicher auf dem Weg zu Ihnen ist. Die Verknüpfung muss erst hergestellt werden. Im weiteren Verlauf wird das Wort als Kommando etabliert und durchgesetzt (vgl. S. 92, „Rückruf").

So sieht freudiges Kommen aus.

Etablieren Sie das „Dranbleiben" vor der Freigabe.

Der Hund akzeptiert die Hand des Hundeführers im Fang.

Zahnkontrolle muss geübt werden.

Für manche Hunde ist es schwer auszuhalten, körperlich begrenzt zu werden, und sie kämpfen sehr dagegen an. Umso wichtiger ist es, dies zu üben. Beginnen Sie in kleinen Schritten. Nehmen Sie Ihren Welpen anfangs z. B. auf den Arm und halten ihn fest. Lassen Sie ihn erst wieder hinunter, wenn er sich entspannt hat. Anschließend beginnen Sie, ihn auf dem Fußboden, erst nur kurz, bei sich zu halten. Duldet er dies gut, gehen Sie Stück für Stück weiter vor. Steigern Sie die Dauer der Begrenzung und berühren Sie ihn dabei immer häufiger an jeglichen Körperstellen.

DULDEN DER HAND IM FANG

Es bietet sich an, den Hund schon im Welpenalter daran zu gewöhnen, etwas im Fang zu dulden, dies erleichtert Ihnen auch das spätere Beibringen des Apports. Beginnen Sie hiermit erst, wenn die Übungen der Körper- und Zahnkontrolle schon recht gut klappen.

Setzen Sie sich neben Ihren Welpen, öffnen Sie seinen Fang und legen Sie Ihre Handkante oder den Daumen ein Stück in den Fang, aber bitte nur bis etwas hinter die Fangzähne (Canini). Streicheln Sie Ihren Welpen, wenn er Ihre Hand ruhig duldet. Zappelt er rum oder beißt energisch auf Ihre Hand, unterbinden Sie dies mit einem konsequenten „Nein!". Ziehen Sie Ihre Hand möglichst nicht weg. Sollte Ihr Hund zu heftig sein, nehmen Sie einen festen Handschuh zur Hilfe. Ziel ist es, dass Ihr Welpe die Hand ruhig und entspannt duldet, bis Sie sie wieder aus dem Fang nehmen.

MIT UND OHNE LEINE

FOLGEN AN DER LEINE

Bisher haben Sie Ihren Welpen möglichst viel frei laufen lassen. Ihr späterer Jagdbegleiter soll jedoch vernünftig an der Leine gehen, damit er Sie nicht behindert. Bereiten Sie dies bereits im Welpenalter vor. Dazu machen Sie kurze Einheiten an der Leine, in denen Ihr Welpe sich an Ihnen orientieren soll. Beginnen Sie statisch, indem Ihr Welpe neben Ihnen sitzt oder steht. Zeigen Sie ihm kurz das Futter in der ihm abgewandten Hand. Konzentriert er sich auf Sie, gehen Sie gemeinsam los. Hierbei achten Sie darauf, dass Ihr Welpe auf Ihrer Höhe bleibt, und verstärken Sie dieses Verhalten durch Futtergaben. Ihr Welpe darf dabei nicht der Futterhand folgen, sondern muss an Ihrer Seite

bleiben. Sollte er an Ihnen hochspringen, versuchen Sie vorerst, das Verhalten zu ignorieren und ihn durch „Versuch und Irrtum“ lernen zu lassen. Bleibt er hartnäckig dabei, unterbinden Sie das Verhalten, z. B. durch das gelernte „Nein“.
Für manche Hunde ist das Üben mit der Verstärkung durch Futter schwierig, da sie dann übermotiviert sind und die Konzentration leidet. Häufig reicht es, dass sie das Futter nach dem Zeigen nicht mehr sehen. Klappt diese Übung an der Leine, können Sie sie auch ohne Leine durchführen.

LEINENFÜHRIGKEIT

Ihr Hund muss in verschiedenen Situationen an der Leine gehen. Am Sammelplatz auf der Gesellschaftsjagd, zwischen jagdlichen Einsätzen und auch im Alltag in Ortschaften, auf dem Spaziergang oder im städtischen Bereich. Dabei ist es sehr angenehm, wenn er verstanden hat, dass er Ihnen folgen soll, und das auch ohne Schwierigkeiten tut.

Hilfsmittel in vielen Situationen

Die Stimmungen des Hundes werden je nach Situation sehr unterschiedlich sein.
Hat der Hund die Leinenführigkeit verstanden, gibt sie uns die Möglichkeit, auch in erregten Stimmungen oder in aufgeregten Situationen auf den Hund einzuwirken. Damit können wir seine Impulskontrolle und die Frustrationstoleranz weiter fördern. So leistet das Training eine sehr gute Vorarbeit für den Rückruf und auch andere Gehorsamssituationen, in denen der Hund zuhören muss.
Zeigt der Hund im Zuge der Entwicklung Probleme, wie ein Pöbeln während der Pubertät oder auch eine erhöhte Vorsicht oder Unsicherheit, kann die Leine ein gutes Hilfsmittel sein, um nachhaltig Verhalten zu unterbrechen oder auch Sicherheit zu geben. Die Voraussetzung dafür ist, dass der Hund das Gehen an der Leine vernünftig gelernt hat.

Die Leinenführigkeit verlangt vom Hund eine erhöhte Konzentration. Aus diesem Grund ist das Üben des „Folgens an der Leine“ im Welpenalter eine sinnvolle Vorbereitung.

Übungsablauf Schritt für Schritt

Beginnen Sie mit Ihrem Junghund das Training an einer ca. 2,3 Meter langen Leine, die man mithilfe eines Karabiners kurz und lang einstellen kann.
Zum Beibringen der Leinenführigkeit nutzen wir zwei Leinenlängen. Die „lange Leine“ ist eine Art Freizeitleine, an der sich Ihr Hund lösen darf, „Zeitung lesen“ und auch in Maßen eigene Wege gehen, ohne Sie von rechts nach links zu zerren. Die „kurze Leine“ ist die Arbeitsleine, hier muss er sich am Menschen orientieren.
Startritual Sie beginnen die Übung, indem Sie stehen bleiben, also im Zustand der Statik. Dann holen Sie Ihren Hund an Ihre Seite und setzen ihn neben sich. Verstellen Sie die Leine auf „kurz“ und starten anschließend, wenn Ihr Hund aufmerksam ist, in die Vorwärtsbewegung. Ihr Hund soll an durchhängender Leine mitgehen und auf der Seite bleiben, an die Sie ihn zuvor gesetzt haben.
Gehen an der Leine Geht Ihr Hund zu weit nach vorn oder lässt er sich ablenken, unterbrechen Sie ihn angemessen, z. B. durch ein „Ey“, „Nein“ oder körperlich durch ein

Kurze Einheiten an der Leine vom Welpenalter an

LEINENFÜHRIGKEIT – MÖGLICHE SCHWIERIGKEITEN UND LÖSUNGSANSÄTZE

Hund zieht an der „langen Leine".

— Dem Hund Orientierung mittels „kurzer Leine" vermitteln, denn infolge erlernter Leinenführigkeit hat sich seine Ansprechbarkeit verbessert, sodass er sich auch hier korrigieren lässt.

Hund bleibt nicht in der Statik.

— Durchsetzen von „Sitz" überprüfen

Hund wechselt hintenherum die Seite.

— Hund beiläufig auf die gewünschte Seite bringen

Hund fällt zurück.

a. aus Trotzigkeit
   — Weiter vorwärtsgehen, ggf. unterbrechen
b. aus Unsicherheit
   — Motivierende Ansprache des Hundes, um ihn aufschließen zu lassen

Hund springt den leinenführenden Menschen an oder an ihm hoch.

— Unbeirrt weitergehen und den Hund beiläufig korrigieren. Hilft das nicht,
— Ruhe hineinbringen durch Stehenbleiben, Sitzen-Lassen des Hundes und Neubeginn

Hund „klebt" trotz Freigabe am Menschen.

— Wenn Hund wirklich freigegeben wurde (?), ist es seine eigene Entscheidung.

Anticken mit der Hand oder einen Leinenruck. Es ist wichtig, dass die Unterbrechung die Aufmerksamkeit wiederherstellt, damit Ihr Hund sich abermals an Ihnen orientiert. Um ihm das erneute Folgen zu erleichtern, gehen Sie in die entgegengesetzte Richtung weiter. Wichtig ist es hierbei, dass Ihr Hund selbstständig ohne Zug an der Leine folgt. Geben Sie ihm genug Zeit, zu drehen und sich erneut anzuschließen. Dies wiederholen Sie bei jeder Unachtsamkeit. Überprüfen Sie die Orientierung durch Tempo- und Richtungswechsel sowie durch Stehenbleiben. Folgt Ihr Hund wie gewünscht an Ihrer Seite, beenden Sie die Übung.

Ende der Übung Beenden Sie die Übung statisch und machen die Leine wieder lang. Geben Sie Ihren Hund nun bewusst frei. Wichtig ist, dass er das registriert und sich Ihre Stimmung ein wenig lockert. Er darf jetzt wieder an der „langen Leine" laufen. Achten Sie beim Auflösen darauf, dass Sie den Hund nicht zu lustig stimmen. Das Gelernte soll schließlich nicht gleich wieder überspielt und vergessen werden. Wiederholen Sie diesen Ablauf anfangs in kurzen Sequenzen.

Weiterer Übungsverlauf Klappt die ganze Leinenführung auf einer Seite sicher, üben Sie auch die andere Seite. Bauen Sie nach und nach Bögen und Wendungen ein. Weitere Schritte sind das Üben auf längeren Strecken und das Üben mit mehr Ablenkung. Hören Sie immer auf, wenn es gut läuft.

Umhängeleine

Ist die Leinenführigkeit etabliert und funktioniert sie auch unter Ablenkung, gehen Sie zur Umhängeleine über. Das Startritual machen Sie nun allein an Ihrer Stimmung fest, verbunden mit dem Sitz und gegebenenfalls einem „Fuß". Starten Sie damit nicht zu früh, der Hund hat an der Umhängeleine keine Pausen (lange Leine) mehr. Die Gefahr, dass er sich nicht mehr konzentrieren kann und dadurch Fehler macht, ist groß.

FOLGEN OHNE LEINE

Das Folgen ohne Leine erlaubt Ihnen selbst mehr körperliche Freiheit. Hantieren Sie mit der Waffe, pirschen Sie oder erledigen Sie sonstige Revierarbeiten, ist es sehr angenehm, wenn der Hund frei folgt. Aber auch auf dem Spaziergang bei der Begegnung mit anderen Menschen sind ein kurzes Heranrufen, An-der-Seite-Gehen und Wiederfreigeben ein schneller und unkomplizierter Vorgang.

01

02

03

04

05

06

01 Das Startritual – der Hund ist aufmerksam und der Hundeführer verkürzt die Leine.

02 Gemeinsamer Start in die Vorwärtsbewegung

03 Konzentriert klappen Wendungen problemlos.

04 Ist der Hund unkonzentriert, wird er ermahnt.

05 Richtungswechsel bei wiedererlangter Aufmerksamkeit

06 Folgt der Hund, wird die Übung beendet.

FOLGEN FREI BEI FUSS – MÖGLICHE SCHWIERIGKEITEN UND LÖSUNGSANSÄTZE

Hund startet durch, sobald er von der Leine ist.

— Überprüfung der Leinenführigkeit: Folgt Hund wirklich an durchhängender Leine?
— Sind noch viele Unterbrechungen an der Leine nötig? Falls ja, ist es zu früh zum Ableinen.
— Ist Auflösekommando wirklich etabliert?

Hund fädelt nach der Drehung auf der falschen Seite ein.

— Überprüfung der Geschwindigkeit des eigenen Drehens
— Falls Hund eine „Lieblingsseite" hat, zuerst auf dieser Seite üben, bis er mehr Sicherheit hat.

Hund bleibt hinter dem Menschen.

— Hund an die Seite locken und sein Aufschließen durch z. B. Lob verstärken

Aus Praxiserfahrung können wir sagen, dass das Folgen ohne Leine meist viel besser klappt als die Leinenführigkeit. Das mag zwei Gründe haben. Einmal ist der Hundeführer vertrauter mit dem Vorgang des Trainings und tut sich bei der Vermittlung leichter, und zweitens ist die Aufmerksamkeit des Hundeführers deutlich erhöht, da es jetzt ernst ist. Mit der Leine konnte man den Hund zur Not noch festhalten. Dieser doppelte Boden fällt nun weg. Es muss klappen. Diese Ernsthaftigkeit ist grandios fürs Training. Sollte Ihre Leinenführigkeit also manchmal noch nicht ganz so perfekt sein, versuchen Sie es mit mehr eigener Ernsthaftigkeit.

Übungsablauf Schritt für Schritt

Haben Sie die Leinenführigkeit geübt und der Hund hat seine Aufgabe verstanden, starten wir mit dem Folgen ohne Leine. Am einfachsten beginnen Sie damit in einer Leinenführung an einem ruhigeren Ort.

Folgt der Hund sicher an der Leine, machen nicht nur gemeinsame Reviergänge Spaß.

Der Hund ist arbeitsbereit – die Leine wird verkürzt.

Gemeinsamer Start an der „kurzen" Leine.

Der Hund folgt aufmerksam.

Der Hund hat den Richtungswechsel gut gemeistert.

Ein guter Zeitpunkt um aufzuhören.

Der Hund wird an der „langen“ Leine freigegeben.

Folgen ohne Leine

Startritual Wie bei der Leinenführigkeit beginnen Sie in der Statik. Ist Ihr Hund aufmerksam, verstellen Sie die Leine auf „kurz“ und starten an der kurzen Leine in die Bewegung. Ihr Hund folgt an durchhängender Leine.

Gehen Wie gewohnt, gehen Sie nun mit Ihrem Hund. Ist er unaufmerksam, unterbrechen Sie wie gewohnt. Da Sie die Leine in Kürze lösen wollen, macht es Sinn, zur Unterbrechung nicht die Leine zu nehmen. Ticken Sie den Hund lieber mit der Hand an oder ermahnen ihn kurz mit einem Wort. Funktioniert eine dieser Unterbrechungen gut, können Sie in einer Phase, in der Ihr Hund aufmerksam folgt, die Leine lösen. Am besten machen Sie das ganz nebenbei im Weitergehen. Da Sie kein Auflösekommando gegeben haben, sollte Ihr Hund weiter folgen. Versteht er das Ableinen allerdings als Signal zum Freilauf, müssen Sie jetzt schnell reagieren. Wie gehabt, unterbrechen Sie in diesem Fall und drehen dann wieder in aller Ruhe gemeinsam mit ihm um. Folgt er gut, leinen Sie ihn ganz nebenbei wieder an und beenden Sie danach die Leinenführigkeit ebenfalls wie gehabt.

Ende der Übung In der Statik machen Sie die Leine wieder lang und entlassen den Hund in die „lange Leine“. Durch die Vorarbeit an der „kurzen Leine“ ist der Hund für das erste Ableinen in einer ruhigen und konzentrierten Stimmung. Diesen Ablauf wiederholen Sie, bis der Hund verstanden hat, dass es keinen Unterschied macht, ob die Leine dran ist oder ab.

Weiterer Übungsverlauf Im nächsten Schritt leinen Sie Ihren Hund im Startritual ab und starten das Gehen dann direkt ohne Leine. Denken Sie auch hier daran, regelmäßig wieder Richtungsänderungen, Drehungen und von langsam bis zügig unterschiedliche Geschwindigkeiten einzubauen, den Hund also zu fordern. Dabei erkennen Sie gut, ob der Hund aufpasst, und gleichzeitig bestätigen Sie ihn damit. Haben Sie auch das erfolgreich geübt, können Sie beginnen, ohne Leine zu starten.

Nehmen Sie sich vor jeder Übung ausreichend Zeit für ein vernünftiges Anfangsritual, denn auch hier gilt: Je klarer Struktur und Ablauf für Ihren Hund sind, desto weniger Fehler wird er machen. Und steigern Sie auch hier wieder langsam die Ablenkungen.

RÜCKRUF

Der sichere Rückruf ist ein elementares Kommando bei der Hundeführung. Leider ist es auch eines der schwierigsten, wenn es um zuverlässige Durchführung geht.

Im Leben eines Jagdhundes kommt die Zeit, in der die Aufforderung durch den Hundeführer zum Zurückkommen im Widerspruch zu seinen eigenen Interessen steht. Hierbei ist der Stellenwert des Hundeführers im Auge des Hundes ein wichtiger Punkt. Wie ernst wird der Hundeführer als Mensch genommen? Daraus folgt, dass der Hund nicht immer unbedingt freudig unsere Kommandos ausführt. Auch wir Menschen müssen, z. B. im Job, Aufgaben erfüllen, die uns keinen Spaß machen. Normalerweise tun wir dies nicht, weil wir durch unseren Chef eingeschüchtert und unterdrückt werden. Es ist einfach geklärt, wer die Führung hat. Aus diesem Grund ist es wichtig, das Rückruftraining konsequent und gezielt zu üben. Hier macht sich Fleiß bezahlt.

02

01

03

04

01 Ein freudiges Kommen nach erfolgreichem Rückruf-Training

02 Dieser Hund fühlt sich angesprochen.

03 Die Ruhe beim Hundeführer ist vor und nach der Übung wichtig.

04 Im Nahbereich ist eine körperliche Unterbrechung möglich.

Voraussetzungen für den sicheren Rückruf sind

- hohe Frustrationstoleranz und Impulskontrolle (s. S. 58 u. 76),
- das Erlernt-Sein des Rückrufkommandos, z.B. „Komm (s. S. 82 u. 92),
- die Möglichkeit, den Hund bei Fehlverhalten zu unterbrechen,
- das Erlernt-Sein der Ruhe beim Hundeführer (s. S. 111: „Ruhe und Standruhe")
- das Erlernt-Sein der Orientierung an der Leine (s. S. 84: „Folgen an der Leine")

Es ist sinnvoll, wenn Ihr Hund verbale und körpersprachliche Unterbrechungen kennt, da diese auf Distanz eingesetzt werden können.

Erste Übungen

Schaffen sie sich eine gezielte Situation, die Ihren Hund ablenken wird, legen Sie z. B. Futter auf den Boden. Wählen sie anfangs eine kurze Distanz zur Ablenkung, um gegebenenfalls auf den Hund einwirken zu können. Wichtig ist, dass Ihr Hund

01

02

nun trotz Ablenkung ruhig neben Ihnen steht. Erlauben Sie ihm erst dann, zum Futter zu gehen, und rufen Sie ihn direkt danach wieder zu sich. Kommt er der Aufforderung nach, lassen Sie ihn bei sich erneut zur Ruhe kommen und loben ihn. Sollte er das „Komm!" nicht befolgen, müssen Sie sein Fehlverhalten umgehend unterbrechen. Nach erfolgter Unterbrechung sorgen Sie dafür, dass er zu Ihnen kommt. Klappt diese Übung zuverlässig, steigern Sie die Anforderungen. Vergrößern Sie die Distanzen, steigern Sie die Wertigkeit der Ablenkung, gehen Sie von statischen Ablenkungen zu dynamischen wie z. B. der Reizangel oder einem geworfenen Ball über. Zur Absicherung können Sie hier auch die Schleppleine verwenden. Achten Sie darauf, den Hund damit nicht heranzuziehen. Die Schleppleine soll hier lediglich verhindern, dass sich der Hund entzieht. Es ist ausschlaggebend, dass Ihr Hund die Entscheidung, zu Ihnen zu kommen, selbst trifft.

Variable Belohnung

Bis hierhin haben Sie Ihren Hund immer fürs Herankommen belohnt. Im weiteren Verlauf bedienen wir uns der intermittierenden Verstärkung (s. S. 56 u. 57). Sie machen sich also die Erwartung des Hundes auf Belohnung zunutze (Glücksspieleffekt).

01 Hier wird der Hund zur Futterablenkung geschickt.

02 Ignoriert der Hund das Kommando „Komm“, wird er korrigiert.

03 Nach der Korrektur sorgen sie dafür dass er zu ihnen heran kommt.

04 Das Üben an der Schleppleine kann hilfreich sein.

05 Beenden sie diese Sequenz in Ruhe.

03

05

04

Zusätzlich passen Sie die Belohnung der Leistung Ihres Hundes an. Ist er also aus einer sehr schwierigen Situation zu Ihnen gekommen, bekommt er den „Jackpot“. Wichtig ist, dass Sie auch beim Rückruftraining an das prozedurale Lernen denken (s. S. 46). Verschlechtert sich der Rückruf, gehen Sie noch mal ein paar Schritte zurück. Bleiben Sie unbeirrt in Ihrem Handeln. Belohnen Sie weiterhin, wenn es gut klappt. Entscheidend ist, dass der Hund am Ende kommt.

JAGDLICHE FRÜHERZIEHUNG

GUT GERÜSTET AN DEN START

Sie haben sich nach reiflicher Überlegung für eine Rasse, einen Züchter und letztendlich für einen Welpen entschieden. Neben der allgemeinen Erziehung beginnt nun auch die erste Vorbereitung auf das spätere Einsatzgebiet, die Jagd.

Die ersten Tage haben Sie und Ihr Welpe damit verbracht, sich ein bisschen kennenzulernen und erste gemeinsame Erfahrungen zu sammeln. Nun müssen Sie die ersten Erziehungsschritte in Angriff nehmen.

FÖRDERN UND FORDERN

Durch gezielte Förderung können Sie einiges dazu beitragen, im weiteren Verlauf einen wertvollen und angenehmen Jagdhelfer an Ihrer Seite zu haben. Entgegen veralteten Theorien weiß man heute sehr gut, dass die frühe Förderung wichtig und zielführend ist. In diesem Stadium der Ausbildung geht es hauptsächlich darum, Grundsteine zu legen, Erfahrungen zu sammeln, das Interesse des Hundes zu wecken und sich aufeinander einzustellen.

Bleiben Sie gelassen, fordern Sie nicht zu viel und freuen Sie sich an kleinen Fortschritten. Begleiten und unterstützen Sie Ihren Welpen beim Kennenlernen und Ausbauen seiner eigenen Fähigkeiten. Lenken Sie ihn aber auch jetzt schon gezielt in die gewünschte Richtung, indem Sie wichtige Talente und Schwächen erkennen und ausgleichen.

Ein einmaliges Erleben im Welpenalter ist niemals ein Garant dafür, dass etwas wirklich gelernt wurde und „sitzt". Wiederholungen sind daher während der gesamten Ausbildung des Jagdhundes wichtig!

SICHERHEITS-AUSRÜSTUNG

SIGNALHALSUNG UND WESTE

Der Radius Ihres Junghundes wird mit steigendem Alter und den neuen Aufgaben immer größer werden. Spätestens dann sollten Sie seine Ausstattung um eine Warnhalsung und/oder eine Warnweste erweitern. Schnallen Sie ihn am besten nur noch, wenn er eines von beiden trägt. Ihr Hund ist so im jagdlichen Einsatz besser zu sehen. Zusätzlich ist er durch Außenstehende leicht als Jagdhund zu identifizieren. Kennzeichnen Sie Weste und Halsung gut leserlich mit Namen und Handynummer. Sollte Ihr Hund nun doch mal nicht zurückfinden und aufgelesen werden, ist es ein Leichtes, Sie zu kontaktieren.

AUSRÜSTUNG AM WASSER

Im Wasser sollten Sie das Tragen von jeglicher Ausrüstung sehr gut abwägen. Grundsätzlich sollte ein Hund dort nichts tragen. Die Gefahr, im Bewuchs hängen zu bleiben, ist zu hoch. Wenn Ihr Hund dennoch unbedingt mit etwas, z. B. einer Halsung, ausgestattet werden soll, achten Sie darauf, dass dieses „Etwas" gut sitzt und im Notfall entweder reißt oder durch den Hund abgestreift werden kann.

Versehen Sie die Warnhalsung ihres Hundes gut leserlich mit Namen und Handynummer.

GEWÖHNUNG AN WASSER, SCHUSS UND WILD

Das Element Wasser ist für die meisten Jagdhunde während der Ausbildung und im jagdlichen Einsatz wichtig. Jeder Welpe braucht ausreichend Zeit, um sich damit vertraut zu machen und dann unbefangen damit umgehen zu können.

DER WELPE AM WASSER

Idealerweise hat der Züchter dem Wurf gemeinsam mit der Mutterhündin bereits erste Erfahrungen mit dem Wasser ermöglicht. Suchen Sie sich ein geeignetes Gewässer mit einem seichten Einstieg und ohne Strömung. Das Wasser sollte anfangs nicht zu kalt sein. Am besten gehen Sie selbst, gegebenenfalls unterstützt von einem anderen wasserfreudigen Hund, mit dem Welpen ins Wasser. Oder Sie versuchen, ihn mithilfe der Reizangel oder eines Spielzeugs zu animieren.

GEWÖHNUNG UND KLEINE SUCHEN

Im ersten Schritt geht es nur um Gewöhnung, hier muss der Welpe noch nichts leisten. Er muss weder schwimmen noch etwas „apportieren". Gestalten Sie ihm die ersten Erfahrungen mit dem Wasser so angenehm wie möglich.
Hat die erste Gewöhnung gut geklappt, suchen Sie unterschiedliche Gewässer auf. Bringt Ihnen Ihr Welpe bereits an Land gefundene Gegenstände, dann können Sie ihm auch im Wasser bzw. am Ufer etwas verstecken und ihn suchen lassen (s. S. 107 „Bringfreude"). Hier geht es noch nicht ums „Apportieren", sondern lediglich um eine Steigerung der Wasserfreude: Suchen Sie den Gegenstand, wenn nötig, auch zusammen mit dem Welpen.
Kommt Ihr junger Hund zufällig an Wild, so lassen Sie ihn erste Erfahrungen sammeln und strafen ihn nicht für seine gezeigte Passion.

NIEMALS UNTER ZWANG!

Es kommt immer wieder vor, dass ein junger Hund keine Wasserfreude, sondern eher Desinteresse am Wasser oder sogar gewisse Vorbehalte ihm gegenüber zeigt. Zwingen Sie in diesem Fall Ihren Welpen auf keinen Fall durch Schubsen, An-der-Leine-Ziehen o. Ä. ins Wasser. Geben Sie ihm etwas Zeit und versuchen es ein paar Tage später erneut. Manchmal klappt es auch erst im nächsten Frühjahr mit der Wasserfreude.

OHNE SICHTREIZ INS WASSER

Vermeiden Sie schon bei den ersten kleinen Suchübungen am Wasser, dass Ihr Welpe das Werfen der Gegenstände sieht. Es ist wichtig, dass Ihr Hund von Anfang an lernt, auch ohne Sichtreiz das Wasser anzunehmen.

Motivation statt Zwang

Schwimmen will gelernt werden.

DER JUNGHUND AM WASSER

Wenn das Wetter wieder schöner wird und die Gewässer eine annehmbare Temperatur haben, überprüfen Sie die Wasserfreude Ihres jungen Hundes. Jetzt können Sie ihn ruhig durch das sichtige Werfen eines Apportls dazu animieren, ins Wasser zu gehen. Nehmen Sie sich für dieses Vorhaben etwas Zeit und drängen Sie Ihren Hund nicht. Er soll Spaß am Wasser haben.

APPORTL UND SCHWIMMWESTE

Die ersten Schwimmversuche junger Hunde können ziemlich unbeholfen aussehen. Meistens gibt sich das sehr schnell. Falls Ihr Hund aber auch nach mehreren Versuchen noch sehr unsicher schwimmt, versuchen Sie ihn zum Apportieren zu animieren. Das Tragen eines Gegenstandes verbessert den Schwimmstil vieler Hunde merklich. Zeigt sich die große Unsicherheit Ihres Hundes darin, dass er fast aufrecht schwimmt – ähnlich einer Boje –, kann der Einsatz einer Schwimmweste gute Dienste leisten.

Wenn Ihr Hund das Wasser meidet, bewirkt ein wasserfreudiger Zweithund mitunter schon Wunder. Sollte aber alles nichts bringen, müssen Sie wohl oder übel die Badesachen anziehen und Ihren Hund begleiten. Vielleicht haben Sie für dieses Vorhaben ja auch eine Wathose parat.

UNTERSÜTZUNG MIT DER LEINE

Sollten Sie einen Hund besitzen, der das Wasser partout nicht annehmen will, können Sie ihn mit der Leine unterstützen. Manche Hunde brauchen eine kleine Unterstützung, um sich endgültig zu überwinden. Wenn sie dann erlebt haben, dass ihnen nichts passiert, ist die Scheu schnell überwunden.

Leinen Sie Ihren Hund hierzu an und lassen Sie ihn neben sich sitzen. Werfen Sie nun ein Apportl so weit ins Wasser, dass Ihr Hund ein kleines Stück schwimmen muss, um es zu erreichen. Fordern Sie ihn zum Apportieren auf und gehen Sie selbst als gutes Vorbild sofort in Richtung Apportl voran. Ihren Hund nehmen Sie dabei mithilfe der Leine sanft mit. Rucken und zerren Sie nicht, gehen Sie einfach ruhig und bestimmt vorwärts.

Mit Freunden und bei gutem Wetter macht die Wassergewöhnung Spaß.

In dem Moment, in dem Ihr Hund sich überwindet und zum Apportl schwimmt, loben Sie ihn kräftig. Unterstützen Sie ihn weiter, indem Sie ihn bis zum Apportl begleiten. Wieder am Ufer angekommen, nehmen Sie ihm das Apportl freudig ab und wiederholen die Übung.
Achten Sie hierbei zwingend auf den Verlauf und erkennbare Fortschritte. Es sollte nach wenigen Wiederholungen eine deutliche Verbesserung eintreten. Ist dies nicht der Fall, erfolgt die weitere Wassergewöhnung sinnvollerweise mit einem Trainer.

SCHUSSGEWÖHNUNG DES WELPEN

Die Schussfestigkeit ist eine Grundvoraussetzung für unsere späteren Jagdbegleiter. Durch verantwortungsvolle Zucht wird der Grundstein für einen möglichst sicheren Hund gelegt. Diese Sicherheit soll sich auch im Bereich der Geräuschunempfindlichkeit widerspiegeln. Trotzdem ist es wichtig, die Gewöhnung an den Schuss gewissenhaft aufzubauen.

Idealerweise kennt Ihr Welpe den Schuss bereits vom Züchter. Sollte dies der Fall sein, kann Ihr Welpe auf erste Erfahrung zurückgreifen. Doch auch in diesem Punkt muss man sich vor Augen führen, dass etwas erst durch Generalisierung wirklich gelernt wird.

DIE ERSTEN SCHRITTE

Die Erfahrung hat gezeigt, dass es sinnvoll ist, mit Knallerbsen oder Platzpatronen zu beginnen. Gehen Sie mit Ihrem Welpen in den Garten oder auf eine Fläche, die ihm bereits bekannt ist und auf der er sich gern aufhält. Lassen Sie am Anfang eine Begleitperson, die sich in einiger Entfernung von Ihnen und Ihrem Hund befindet, auf Ihr Zeichen hin den Knall auslösen. Je nach Vorliebe des Hundes können Sie dabei mit ihm spielen, ihn Futter auf dem Boden suchen lassen oder ihn mit einem zweiten, schussfesten Hund laufen lassen. Bewegen Sie sich entspannt und möglichst neutral, wenn der Schuss fällt.
Trösten Sie Ihren Welpen nicht, wenn er erschrickt, sondern bleiben Sie einfach in seiner Nähe, bieten Sie ihm soziale Sicherheit durch Ihre Anwesenheit. Sie können ihn auch strei-

Dummy-Launcher

cheln oder füttern, vermeiden Sie hierbei aber eine Überbewertung der Situation.
Zeigt der Welpe sich weitestgehend unbeeindruckt, können Sie den Abstand zum Schützen verringern und anschließend selbst schießen. Gehen Sie hier nicht zu schnell vor. Das Annähern darf sich gern über einige Tage hinweg langsam aufbauen. Schießen Sie in einer Trainingseinheit nicht zu häufig. Beobachten Sie Ihren Welpen gut, manchmal zeigen sich die Reaktionen auch erst ein oder zwei Tage später.

LANGSAME STEIGERUNG

Toleriert Ihr Welpe den Schuss in der gewohnten Umgebung und aus geringer Distanz gut, beginnen Sie diesen Ablauf zu generalisieren. Suchen Sie zu diesem Zweck unterschiedliche Orte und Situationen auf.
Ideal ist es, wenn die Schussgewöhnung ein Bestandteil Ihrer Welpengruppe ist. Hier können die Welpen gemeinsam ihre ersten Erfahrungen mit dem Schuss machen. In solchen Gruppen werden die geräuschempfindlicheren Hunde meistens sehr gut durch die anderen stabilisiert und sie haben nach wenigen Wiederholungen auch keine Schwierigkeiten mehr mit dem Schuss.
Hat Ihr junger Hund sich gut an die Schüsse mit Knallpatronen gewöhnt, beginnen Sie mit den ersten Schüssen aus der Flinte (siehe hierzu S. 126: „Schussfestigkeit“).

SCHIESSSTAND? BITTE NICHT!

Versuchen Sie nie, Ihren Welpen durch einen Besuch auf dem Schießstand an den Schuss zu gewöhnen! Sicherlich gibt es Beispiele, bei denen das problemlos geklappt hat. Die Gefahr einer Reizüberflutung ist aber viel zu hoch. Es fallen zu viele Schüsse, in zu kurzer Folge, und sie sind meist auch viel zu laut.

DUMMY-LAUNCHER

Sollte sich Ihr junger Hund mit der Schussgewöhnung schwertun und nicht wirklich locker werden, kann man sich den Dummy-Launcher zu Hilfe nehmen. Hierbei handelt es sich um ein „Abschussgerät“ für Dummys. Die 9-mm-Knallpatronen sind beim Abfeuern leiser als der Flintenschuss, bereiten den Hund aber weiter auf diesen vor.
Der Vorteil beim Dummy-Launcher ist, dass genau im Moment der Schussabgabe die Beute in hoher Geschwindigkeit wegfliegt und anschließend herunterfällt. Sie können die Beute hiermit aber auch förmlich über den Boden springen lassen. Dieser Sichtreiz lässt viele Junghunde Ihre Scheu verlieren – die Beutemotivation überwiegt. Natürlich können Sie dieses Hilfsmittel auch bei einem von Anfang an unbefangenen jungen Hund einsetzen. Achten Sie im Verlauf aber darauf, dass Ihr Hund sich nicht in Richtung Schusshitze entwickelt. Der Dummy-Launcher lässt sich darüber hinaus sehr gut bei der Schussgewöhnung am Wasser einsetzen. Zusätzlich können Sie ihn auch als gezielte Verleitung im Rahmen von Gehorsamsübungen einsetzen.
Nehmen Sie Ihren jungen Hund erst nach erfolgreich abgeschlossener Schussgewöhnung mit zur Jagd. Gestalten Sie diese ersten jagdlichen Erfahrungen möglichst so, dass Sie mit Ihrem Hund zusammen zum Jagderfolg kommen. Die Schussgewöhnung am Wasser erfolgt erst später. Hierzu sollte Ihr Hund eine gewisse mentale Reife erreicht haben und absolut schussfest im Feld sein (s. S. 122: Kap. „Jagdliche Ausbildung“).

WILDGEWÖHNUNG

Ihr Jagdbegleiter wird im Laufe seines Lebens mit vielen verschiedenen Wildarten in Berührung kommen. Es ist daher sinnvoll, schon den Welpen frühzeitig die verschiedenen Gerüche, Konsistenzen und das unterschiedliche Aussehen kennenlernen zu lassen.

KALTES WILD

Die Gewöhnung an kaltes Wild lässt sich recht einfach gestalten – vielleicht hat der Züchter dem Wurf bereits die Möglichkeit gegeben, verschiedene Wildarten kennenzulernen. Legen Sie nun dem Welpen eine Auswahl an Raub- und Nutzwild wie z. B. Krähe, Marder, Taube, Fuchs, Ente, Hase, aber auch Schwarten und Decken sowie unterschiedlich Läufe aus. Lassen Sie Ihren Welpen alles untersuchen. Er darf hineinbeißen, schütteln, kauen usw., denn es geht hier nur um die Gewöhnung an Wild. Bewegen Sie die Beute etwas, um das Interesse Ihres Welpen zu wecken. Freuen Sie sich mit ihm, wenn er zufasst und vielleicht auch ein Stück trägt. Nehmen Sie ihm das Stück ohne viel Aufsehens wieder aus dem Fang und widmen sich dem nächsten. Keine Sorge, Sie legen hier nicht den Grundstein für einen Anschneider.
Zwingen Sie Ihren Welpen zu nichts. Sollte er sehr verhalten reagieren, versuchen Sie es ein paar Tage später dann einfach noch mal. Vielleicht lassen Sie ihn gemeinsam mit einem anderen Welpen das Wild erkunden. Auch ein erwachsener Hund kann hier ein tolles Vorbild sein. Hierbei muss aber sichergestellt sein, dass der erwachsene Hund kein Problem damit hat, die Beute mit dem Welpen zu teilen.

Sauberes Apportieren von Wild ist unerlässlich.

Welpe mit der Schwinge einer Krähe

Raubwildgewöhnung mit Marder

Kontakt mit gesundem Wild

GESUNDES WILD

Neben dem Kennenlernen von kaltem Wild gehört zur Wildgewöhnung auch der erste Kontakt zu gesundem Schalen- und Federwild. Lassen Sie den Welpen Suhlen, Sassen, Liegestellen und Wechsel von Wild ausgiebig bewinden. Besuchen Sie einen Teich, auf dem er die Möglichkeit hat, Enten und anderes Wasserwild zu eräugen und erste Witterung aufzunehmen. Vielleicht haben Sie auch die Möglichkeit, heimisches Wild in einem Wildpark kennenzulernen. Läuft Ihr Welpe hinter dem Wild im Revier her, lassen Sie ihn einfach laufen. Er wird schnell merken, dass er es nicht bekommt, und sich Ihnen wieder anschließen. Dies ist nicht der richtige Zeitpunkt, um an Wildgehorsam zu denken.

SAUGATTER

Es ist sinnvoll, den jungen Hund, unabhängig vom späteren Einsatzgebiet, mit Schwarzwild vertraut zu machen. Sauen kommen in immer mehr Revieren vor. Der Kontakt mit ihnen ist, auch wenn unerwünscht, nicht immer zu vermeiden. Für Ihren Hund kann es daher durchaus ein Vorteil sein, wenn er erste Kontakte in einem begrenzten Rahmen geboten bekommt und hier das Einschätzen der Sauen und den Umgang mit ihnen lernt.

Erste Schwarzwildkontakte sind in einem begrenzten und weitestgehend sicheren Rahmen im Saugatter möglich. Hier werden Sie durch die erfahrenen Gattermeister betreut. Die Gattermeister werden Ihnen genau sagen, ab welchem Alter Ihr Hund kommen darf und wie Sie sich zu verhalten haben. Je nach Alter Ihres Vierbeiners wird der Kontakt gesteuert und der junge Hund an den Umgang mit dem wehrhaften Schwarzwild herangeführt.

Diese Kontakte bieten Ihnen zusätzlich einen guten Hinweis darauf, wie und ob Sie Ihren Hund später in diesem Bereich einsetzen wollen und können. Den Einsatz von

Hunden mit einer sehr hohen Selbstgefährdung sollte man ebenso gut abwägen wie den von sehr zurückhaltenden.

MIT DEM WELPEN ZUM ANSITZ

Grundsätzlich kann Ihr Welpe nach einigen Tagen der Eingewöhnung mit ins Revier und zum Ansitz. Dieser Ansitz sollte von ihnen aber als Übung für den Hund betrachtet werden. Ihr Welpe kennt noch keine Standruhe und ist natürlich nach ein paar Tagen noch nicht schussfest. Am besten nehmen Sie ihn erst mal mit auf den Hochsitz und vermitteln ihm hier die gewünschte Ruhe. Möchten Sie Ihren Hund später unter dem Hochsitz ablegen, müssen Sie dies in kleinen Schritten üben (siehe „Ablegen"). Ein erfahrener, standruhiger Hund kann Ihrem Junghund hier anfangs guten „Beistand" leisten. Ist Ihr Hund ausreichend an den Schuss gewöhnt, folgen die ersten Ansitze mit dem Ausblick auf Jagderfolg. Ihr Junghund sollte in Ihrer unmittelbaren Nähe sein, z. B. in einem offenen Drückjagdbock oder beim Pirschen. Im Idealfall sieht Ihr Junghund das Stück fallen und Sie gehen direkt im Anschluss zusammen zum Stück. Achten Sie aber in jedem Fall darauf, dass Ihr Hund wach ist und mitbekommt, dass gleich etwas Spannendes passiert.

JUNGHUND UND JAGDBETRIEB

ERSTE TREIBJAGDEN

Mit dem Beginn der Treibjagdsaison stellt sich die Frage, ob der Junghund nun auch mitdarf. Hierzu sollte Ihr junger Hund weitestgehend schussgewöhnt sein und körperlich über genügend Ausdauer und Kraft verfügen.

Darüber hinaus sollte man gut abwägen und sich im Vorfeld informieren, wie die Jagden geplant sind und durch welche Flächen getrieben werden sollen. Es ist nicht zielführend, den Hund auf Flächen mit kurzem Bewuchs zu schnallen, denn hier lernt er hauptsächlich das Jagen auf Sicht und, mit Pech, gar das unkontrollierte Hetzen gesunden Wildes. Solche Hetzen, begleitet von anderen Hunden, gehen oft über weite Stre-

GATTER IST NICHT FREIE WILDBAHN

Kontakte im Saugatter sind nicht gleichbedeutend mit denen auf einer Jagd oder im Revier. Gattersauen kennen Hunde und haben ihre ganz eigenen Strategien erlernt. Manche von ihnen sind schon sehr dickfellig und lassen sich nicht unbedingt gleich beeindrucken und aus der Reserve locken. Trotzdem ist der Besuch eines Saugatters zur ersten Einarbeitung und Vorbereitung sehr sinnvoll.

Die ersten Male mit hinauf ...

Dieser Junghund nähert sich zunächst vorsichtig. Das muss nichts heißen.

cken. Für Sie beide als Gespann bedeuten derartige Jagden, die wenig sinnvolle Einsatzmöglichkeiten für den jungen Hund bieten, also meist lange Märsche mit bzw. an der Leine. Dies ist mit einem meist noch nicht ausreichend leinenführigen und aufgedrehten Junghund eine anstrengende und eher frustrierende Angelegenheit, und zwar für beide Seiten.
Kleine, gut organisierte Klapperjagden, bei denen ganz gezielt mit wenigen Hunden Flächen mit dichtem Bewuchs bejagt werden sollen, bieten sich hingegen an. Achten Sie hierbei aber auch darauf, dass Ihr Hund möglichst weit entfernt von Straßen und Bahnschienen zum Einsatz kommt, Gehorsam an Wild ist hierbei von ihm noch nicht zu erwarten.

ALLES IN MASSEN

Egal ob Treib-, Drück- oder Entenjagd: Übertreiben Sie nicht und lassen Sie Ihren Hund immer nur begrenzt teilnehmen. Der junge Hund wird höchstwahrscheinlich über seine Grenzen gehen und gar nicht merken, dass er eigentlich am Ende seiner körperlichen und mentalen Kräfte ist. Wenn möglich, lassen Sie Ihren Hund zwischen den Treiben abholen, bringen ihn ins Autos, oder lassen ihn bei einem anderen Jäger am Stand.

JAGDEN IM WALD UND AM WASSER

Haben Sie als Treiber auf einer Bewegungsjagd im Wald die Möglichkeit, Ihren jungen Hund mitzunehmen, nutzen Sie auch das als erste Erfahrungen. Hier lernt der Hund durch Stöbern Wild zu finden, dies zu verfolgen, und gesundes Wild ist in der Regel nicht zu bekommen. Meist ist das Wild schnell außer Sicht und der junge Hund sucht wieder den Anschluss zum Hundeführer. Auf diese Weise lernt er auch das Zurückfinden zum Hundeführer. Beim Hetzen kann sich darüber hinaus der Laut Ihres Hundes weiterentwickeln oder gar erstmalig geweckt werden.
Haben Sie die Möglichkeit, an einer Entenjagd teilzunehmen, nutzen Sie auch dieses Angebot für die Ausbildung Ihres jungen Hundes. Lassen Sie den Vierläufer hierbei aber ausschließlich zuschauen und üben Sie die Standruhe mit ihm.

ANLAGENFÖRDERUNG UND GRUNDSTEINLEGUNG

Eine der wichtigsten Ihrer Aufgaben ist, die jagdlichen Anlagen Ihres Welpen frühzeitig zu fördern und den Grundstein für erwünschte und auf Prüfungen sowie in der späteren Jagdpraxis geforderten Eigenschaften zu legen.

BRINGFREUDE

Zu den häufigen späteren Aufgaben unseres Jagdbegleiters gehört das Apportieren von erlegter Beute, auch hierfür legt man den Grundstein im Welpenalter.
Am Anfang geht es nicht um das klassische Bild des Apportierens, sondern darum, den Welpen zu motivieren, Gegenstände in den Fang zu nehmen und uns jegliche „Beute" gern zuzutragen. Verwenden Sie an dieser Stelle weder das Kommando „Apport", noch muss Ihr Welpe vorsitzen oder Ähnliches. Hier stehen der Spaß, die Kooperationsbereitschaft, der Umgang mit Konkurrenzverhalten und das erste gezielte Einsetzen der Nase im Vordergrund. Ihr Welpe lernt in diesem Stadium wichtige Grundvoraussetzungen für das spätere Apportieren.
Trägt Ihr Welpe also gerade etwas, so loben und motivieren Sie ihn mit dem Wort „Bring's!" und Ihrer Körperhaltung, zu Ihnen zu kommen. Hocken Sie sich hierzu hin und breiten Sie die Arme einladend aus. Manchmal muss man auch erst ein Stück in die entgegengesetzte Richtung laufen, um den Welpen zum Hinterherkommen zu animieren.

KONKURRENZDENKEN VERMEIDEN

Ist der Hund bei Ihnen angekommen, streicheln und loben Sie ihn ausgiebig. Berühren Sie mit der Hand immer mal wieder die Beute in seinem Fang, aber nehmen Sie ihm die Beute nicht jedes Mal gleich weg. Ihr Welpe soll nicht das Gefühl bekommen, in Ihrer Nähe sofort abgeben zu müssen. Dadurch entsteht häufig, an diesem Punkt völlig unnötig, ein Konkurrenzverhalten. Das gezielte Fassen nach der Beute, ohne diese wegzunehmen, dulden die meisten Welpen recht schnell.
Wenn Sie diese Situation des Zutragens, wie beschrieben, geschickt lösen, entsteht kein

„BEUTEANGEBOT"

Bei entsprechendem Vorgehen bieten viele Hunde der Hundeführerin oder dem Hundeführer die Beute regelrecht an. Ob sie diese dann auch wirklich hergeben wollen, ist nicht gesagt und von Hund zu Hund sehr unterschiedlich. Hier kommt es erst einmal darauf an, dass Ihr Welpe sich die Beute nicht durch Weglaufen o. Ä. zu sichern versucht.

direktes Konkurrenzverhalten zwischen Ihnen und dem Welpen, vielmehr freut sich Ihr Hund, wenn er Ihnen etwas bringen kann und dafür gelobt wird. Mal darf er die Beute im Anschluss noch etwas behalten und mal bekommt er etwas im Austausch wie z. B. Futter, eine andere Beute, ein Sozialspiel o. Ä.

Haben Sie erreicht, dass Ihr Welpe freudig mit der Beute zu Ihnen kommt, haben Sie einen großen Schritt geschafft. Dieser Schritt wird es Ihnen erleichtern, später gezielt das Tauschen mit dem Welpen zu üben (siehe „Aus", S. 133).

MIT SCHLEPPLEINE

Nennen Sie einen sehr freiheitsliebenden Welpen Ihr Eigen, so bietet es sich an, ihn über die Schleppleine zu sichern. Solche Welpen müssen häufig etwas überzeugt werden, zu Ihnen zu kommen.

Hat Ihr Welpe die Beute gegriffen, fordern Sie ihn, wie oben beschrieben, dazu auf, zu Ihnen zu kommen. Um ihm die Entscheidung zu erleichtern, ziehen Sie ihn leicht mithilfe der Schleppleine in Ihre Richtung. Freuen Sie sich dabei über „seine Idee", zu Ihnen zu kommen. Gerade hier ist es wichtig, das Konkurrenzverhalten Ihres Welpen positiv zu beeinflussen und ihm klarzumachen, dass sich Kooperation durchaus lohnt und sogar Spaß macht.

Möchten Sie das Bringen initiieren, so werfen Sie die „Beute" allenfalls zu Anfang, verstecken Sie sie besser oder legen Sie sie ohne Werfen ab. Ihr Welpe soll möglichst früh lernen, sich nicht zu sehr auf seine Augen, sondern mehr auf seine Nase zu konzentrieren.

VORSTEHANLAGE

Unsere Vorstehhunde werden bereits mit einer Veranlagung zum Vorstehen gewölft. Aber auch die beste genetische Veranlagung muss erprobt, geübt und verfeinert werden.

DER ABLAUF IM „ECHTBETRIEB"

Um Ihren von Geburt an talentierten kleinen Vorsteher ideal zu fördern, sollten Sie sich mit der späteren Aufgabe vertraut machen.

Im späteren jagdlichen Einsatz obliegt unserem Hund die Aufgabe, das Wild zu suchen. Hat er erfolgreich, über die Witterung oder durch Eräugen, gefunden, wird er uns dies durch Vorstehen anzeigen. Nicht immer liegt das gefundene Wild fest und drückt sich, nicht selten steht es auf und flüchtet, für den Hund sichtig. Anderes Wild wieder entfernt sich langsam oder nicht sichtig im dichten Bewuchs. Der Hund muss sich auf dieses unterschiedliche Verhalten einstellen. Mal muss er seine Mission abbrechen, weil das Wild hochflüchtig ist und eine Hetze unerwünscht ist. In einer anderen Situation muss er konzentriert und geduldig nachziehen und bei Verharren des Wildes erneut vorstehen. Anschließend tritt entweder der Jäger selbst an das Wild heran und bringt es zum Abstreichen, oder der Hund wird gezielt zum Einspringen gebracht. Konnte das Stück dann erfolgreich erlegt werden, schicken wir unseren Hund zum Apportieren.

AN DER REIZANGEL

Am Anfang steht beim Welpen das Fördern der Vorstehanlagen im Vordergrund. Ein bewährtes Hilfsmittel stellt hier die Reizangel dar (s. hierzu auch „Spezial Reizangel", S. 118). Durch deren geschickten Einsatz animiert man den Welpen im ersten Schritt zum Vorstehen. Springt der Welpe zu schnell ein, wird die Beute weggezogen und der Hund anschließend erneut zum Vorstehen animiert. Steht er einen Moment gut vor, darf er zur Belohnung auf ein Kommando wie z. B. „Hopp" oder „Gut" einspringen und die Beute für kurze Zeit haben. Hat der Welpe den ersten Schritt verstanden, steigern Sie allmählich die Dauer seines Verharrens, indem Sie den Augenblick der Freigabe hinauszögern.

Der Hund schaut zum ausgelegten Apportl.

Der Hund wird geschickt.

Freudig greift der Hund das Apportl …

… und trägt es seinem Menschen zu.

Ein Tauschobjekt wird angeboten.

Zu früh gefreut!

WICHTIG – DEN WELPEN „LESEN"

Versuchen Sie, Ihren Welpen zu lesen, um ihn mit der richtigen Körperhilfe ideal unterstützen zu können. Und bedenken Sie auch hierbei wieder: Nur weil die Hilfestellung heute gut funktioniert, muss das beim nächsten Mal nicht genauso sein. Bleiben Sie flexibel und beobachten Sie aufmerksam.

Beginnen Sie jetzt auch damit, den Welpen gezielt nachziehen zu lassen. Ziehen Sie hierzu die Beute langsam von Ihrem Hund weg. Idealerweise wird Ihr Welpe der Beute in gleicher Geschwindigkeit, langsam „pirschend", folgen. Lassen Sie die Beute anschließend wieder ruhig liegen, wird Ihr Welpe ebenfalls verharren. Steigern Sie auch hier die Anforderungen langsam und achten Sie darauf, dass Ihr Welpe den Spaß nicht verliert.

KÖRPERHILFE DES HUNDEFÜHRERS

Versuchen Sie während des Vorstehens immer, sich langsam dem Welpen zu nähern. Gehen Sie so dicht an ihn heran, bis Sie direkt neben ihm sind. In dieser Position können Sie Ihren Hund leicht berühren und streicheln. Manchen sehr stürmischen Vertreter kann man auch mit der Hand vor der Brust leicht bremsen, um ihm so, fleißig lobend, seine Aufgabe zu verdeutlichen.
Ihre Position ist ein wichtiger Faktor, testen Sie aus, was Ihren Hund am besten unterstützt. Sind Sie zu weit hinten, kann es Ihren Welpen zusätzlich animieren, sich die Beute schnell zu sichern. Oder aber er fühlt sich von Ihnen gestärkt und empfindet dies als Rückhalt. Halten Sie sich eher in Nähe seines Kopfes auf, kann dies Ihren Welpen förmlich ausbremsen. Oder aber ihn animieren, Ihnen langsam zu folgen.
Nach einigen Wiederholungen wird Ihr Welpe seine Aufgabe verstanden haben. Er soll nun immer selbstständiger werden; bauen Sie Ihre Körperhilfen ab. Sie sollten sich später eher im Bereich seiner Flanke oder leicht hinter ihm aufhalten, damit Sie ihn durch Ihre Körpersprache möglichst wenig beeinflussen. Jetzt wird das Vorstehen auch nicht mehr immer durch nachfolgendes Einspringen belohnt. Beenden Sie im weiteren Trainingsverlauf das Vorstehen auch immer wieder durch ein Abtragen Ihres Hundes.
Am besten ist es, wenn Sie sich den richtigen Umgang mit der Reizangel von einem erfahrenen Ausbilder zeigen lassen.

Junghund markiert an der Reizangel.

Der Mensch fördert das Stehen.

AN WILD

Neben der Reizangel, die das Vorstehen durch einen Sichtreiz auslöst, sollten Sie Ihren Welpen und Junghund auch immer wieder an Wildwitterung bringen. Hier kann er olfaktorisch wahrgenommene Wildwitterung vorstehen. Suchen Sie dazu Stellen im Revier auf, an denen sich sicher Wild befindet. Achten Sie auf den Wind, bei Gegenwind bekommt der Welpe das frühzeitig in die Nase und Sie können sich gemeinsam nähern. Sehr stürmische Hunde werden mit einer Schleppleine begrenzt.
Steht Ihr Welpe vor, loben Sie ihn ausgiebig. Lassen Sie ihn anfangs anschließend ruhig frei, gegebenenfalls kann er erste Erfahrungen mit abstreichendem Wild sammeln. Gehen Sie ansonsten genauso vor wie oben beschrieben, denn grundlegend hat sich lediglich der auslösende Reiz verändert.

RUHE UND STANDRUHE

Eine der wichtigsten Tugenden unserer Jagdhunde ist das „gelassene Nichtstun". Doch gerade das ist für einen passionierten Hund, der naturgemäß an der Außenwelt mit all ihren Reizen so sehr interessiert ist, eine schwierige Aufgabe. Geben Sie Ihrem Hund von Anfang an die Möglichkeit, Ruhe und Gelassenheit zu lernen. Ohne eine hohe Form der Frustrationstoleranz, Impulskontrolle und damit verbundener Selbstregulation wird es für den später bejagten Hund fast unmöglich sein, sich zu beherrschen und damit ein angenehmer Jagdbegleiter zu werden. Bringen Sie Ihrem Welpen frühzeitig bei, dass Sie Grenzen setzen und er diese akzeptieren muss. Geben Sie ihm die Möglichkeit, mit „Langeweile" umzugehen und Mechanismen der Selbstberuhigung zu lernen. Vielen Welpen muss man hierbei helfen. Soll Ihr Welpe also zur Ruhe kommen, macht es z. B. Sinn, ihn in seiner Bewegungsfreiheit mit Hilfe der Leine einzuschränken. Hier soll Ihr Welpe, mit Ihrer Hilfe, selbst erlernen und erleben, wie er zur Ruhe kommt. Versuchen Sie daher nicht, den Hund mit einem Kommando wie „Sitz" oder „Platz" zur Ruhe zu zwingen, die innere Anspannung wird sich dadurch zumeist nicht lösen, sondern im ungünstigsten Fall sogar noch steigern. Zusätzlich machen Sie eine zweite Baustelle auf. Nun soll Ihr Hund nicht nur zur Ruhe kommen – es muss auch noch das gegebene Kommando durchgesetzt werden.

BEISPIELÜBUNG RUHIGES STEHEN

Ihr Hund soll bei dieser Übung lernen, zur Ruhe zu kommen, wenn Sie selbst stehen bleiben. Egal ob Sie sich unterhalten, eine Pause machen oder mit dem Fernglas die Feldkanten abglasen.
Suchen Sie mit Ihrem angeleinten Welpen einen ruhigen Ort auf. Dieser kann auch im Haus sein. Setzen oder stellen Sie sich neben Ihren Welpen und begrenzen Sie seine Bewegungsfreiheit durch Ihren Fuß auf seiner Leine. Durch die Begrenzung muss Ihr Hund sich mit seiner Situation direkter auseinandersetzen und kann sich nicht über Bewegung beschäftigen und die gewünschte Ruhe umgehen.
Je nach Typ wird Ihr Hund sich früher oder später langweilen. Der eine beginnt an seinem Menschen hochzuspringen, der andere wühlt und zerrt bis zur Würggrenze. Der Nächste beginnt zu buddeln oder zu bellen. Wenn das alles nichts bringt, wird er sich irgendwann in sein Schicksal ergeben und zur Ruhe kommen. Er hat die Lösung also selbst gefunden.
Es ist wichtig, dass Sie ihm die nötige Zeit dafür geben. Versuchen Sie also nicht gleich, ihn zu „retten", nur weil er die Leine zwischen den Beinen hat. Auch das Zerren kann er hier ja selbst steuern. Verhalten Sie sich in dieser Übung so passiv wie möglich. Lesen Sie z. B. eine Zeitung. Hat Ihr Welpe sich beruhigt und ist er ganz entspannt, können Sie die Übung ganz beiläufig beenden, indem

Ruhe durch eingeschränkte Bewegungsfreiheit

Sie die Leine aufnehmen und den Ort verlassen. Durch die Wiederholung wird Ihr Hund lernen, immer schneller zur Ruhe zu kommen. Auch den Fuß auf der Leine zur Begrenzung werden Sie immer weniger brauchen. Anfangs müssen Sie Ihren Welpen vielleicht noch durch ein leichtes Zupfen an der Leine erinnern, sich nicht zu entfernen und zur Ruhe zu kommen.

Schaffen Sie die Rahmenbedingungen so, dass Sie möglichst nicht gezwungen sind einzugreifen. Sollte Ihr Welpe z. B. exzessiv buddeln, wählen Sie eine Straße und keinen Sandweg. Beginnt er die Leine zu zerbeißen, nutzen Sie eine Kette als Leine. Hat Ihr Welpe die gewünschte Form der Selbstregulation gefunden, wird er auf diese unerwünschten Formen nicht mehr zurückgreifen.

GENERALISIERUNG

Klappt diese Übung ohne Ablenkung und in gewohnter Umgebung gut, ist es Zeit, die Anforderungen zu steigern. Suchen Sie hierfür andere Orte auf, um die Übung zu generalisieren. Sie können die Übung problemlos in Ihre Revier- und Spaziergänge integrieren. Steigern Sie zusätzlich langsam die Ablenkungen. Eine Hilfsperson kann z. B. zu Ihnen kommen und Ihnen die Hand geben, einen Ball an Ihrem Welpen vorbeifliegen lassen oder mit einem anderen Hund an Ihnen vorbeigehen. Ihr Hund soll dabei ruhig bei Ihnen bleiben.

Zusätzlich können Sie den gesamten Ablauf üben, indem Sie Ihren Hund anleinen und sich ein Stück entfernen. Auch hier soll Ihr Hund lernen, sich selbst zu beruhigen und mit seinem Frust umzugehen.

Einige Welpen schaffen es allein partout nicht, zur Ruhe zu kommen. Sie winseln und bellen unaufhörlich oder zappeln ohne Pause. Diese benötigen Hilfe von außen. Lassen Sie sich aber nicht durch Ihre eigene Ungeduld und mangelnde Frustrationstoleranz zu einem zu frühen Eingreifen verleiten. Wichtig ist bei dieser Hilfestellung, so unbeteiligt wie möglich zu bleiben, eine Unterbrechung „aus heiterem Himmel" wäre am idealsten. Diese kann mit Hilfe einer geworfenen Kunststoffdose, einem Wasserstrahl aus einer Wasserpistole oder durch einen unauffälligen Griff in die Flanke erfolgen. Durch die Unterbrechung soll Ihr Hund eine andere Lösung suchen. Vermeiden Sie Schimpfen, direkte Ansprache o. Ä.: Ihr Hund soll es später auch ohne Ihre Anwesenheit und der damit verbundenen drohenden Reglementierung schaffen, andere Lösungen zu finden.

SCHWEISS

Im jagdlichen Einsatz kommt es durchaus vor, dass ein von uns erlegtes bzw. beschossenes Stück nicht direkt am Anschuss liegt. Nicht immer ist dies mit einer schwierigen Nachsuche auf ein noch nicht verendetes Stück verbunden. Äußere Begebenheiten wie hoher oder dichter Bewuchs, ein Graben o. Ä., verbunden mit einer kurzen Flucht des Stücks, können aber auch bei einer Totosuche das Finden des Stücks ziemlich schwierig werden lassen. In solchen Fällen darf der auch auf Schweiß eingearbeitete vielseitige Jagdgebrauchshund gern zum Einsatz kommen.

FUTTERSCHLEPPEN FÜR DEN WELPEN

Möchten Sie Ihren späteren Jagdhelfer also auf Schweiß einarbeiten, so sollten Sie hiermit im Welpenalter beginnen. Es hat sich bewährt, anfangs eine durchgehende gerade Geruchsspur zu ziehen. Nehmen Sie hierfür ein Stück Lunge (wahlweise Pansen) und ziehen damit eine Schleppe. Den „Anschuss" präparieren Sie mit wenigen kleinen Brocken vom geschleppten Stück und gegebenenfalls etwas „Schnitthaar" sowie Schweiß. Am Ende legen Sie die Decke von der gleichen Wildart ab und auch diese bestücken Sie wie den Anschuss mit kleinen Lungenbröckchen. Markieren Sie sich den Fährtenverlauf gut. Anfangs soll die Stehzeit nur wenige Minuten betragen, bevor Sie Ihren hungrigen, aber nicht ausgehungerten Welpen suchen lassen.

NACHSUCHEN SIND PROFISACHE!

Sehen Sie, dem Wild, dem Hund und Ihnen selbst zuliebe, von anderen Nachsuchen als sicheren Totsuchen ab. Bei komplizierten Kranksuchen gehören Profis ans Werk, die ihren Job verstehen und über ausreichend Erfahrung verfügen.

Die Stehzeit, die Länge und die Schwere des Verlaufs der Fährte steigern Sie kontinuierlich nach Vermögen Ihres Welpen. Sollten Sie Ihre Anfänge im Feld machen, so achten Sie darauf, dass Ihr Welpe möglichst mit Nackenwind arbeiten kann.

DAS ANFANGSRITUAL

Hunde lernen gut mit Hilfe von Ritualen; aus diesem Grund wird bereits die erste Schweißarbeit mit einem Anfangsritual und entsprechender Ausrüstung absolviert. Da Schweißarbeit eine ruhige und konzentrierte Arbeit ist, muss beim Anfangsritual ruhige und konzentrierte Stimmung herrschen.

Anfangsritual mit entsprechender Ausrüstung

Die gefundene Decke wird ausgiebig untersucht.

ALLE ZEIT DER WELT

Geben Sie Ihrem Welpen die Zeit, die er braucht, um die Schleppe auszuarbeiten. Drängen Sie ihn auf keinen Fall vorwärts, denn das verunsichert ihn und führt zu unsauberem Arbeiten!

Legen Sie Ihren Hund etwas entfernt vom Anschuss ab, docken Sie Ihren Schweißriemen ab und legen ihn aus, nun legen Sie Ihrem Hund die Schweißhalsung bzw. das Geschirr an. Lassen Sie ihn weiterhin liegen und gehen allein zum Anschuss. Untersuchen Sie diesen ausgiebig, Ihr Hund wird Sie genau beobachten und sein Interesse ist geweckt. Anschließend holen Sie ihn zu sich, zeigen ihm den Anschuss und lassen ihn diesen ebenfalls ausgiebig untersuchen.
Mit einem Welpen wird dieses Anfangsritual noch zu leisten sein. Hier ist eine Hilfsperson von Vorteil: Sie hält den Welpen vor dem Anschuss fest und übergibt ihn dann dem Hundeführer. Mit Fortschreiten der Ausbildung wird es kein Problem mehr sein, den Hund abzulegen und das Ritual vollständig zu nutzen.
Noch einmal: Rituale bedeuten Struktur und die ist für Hunde wichtig!

AUF DER FÄHRTE

Setzt sich Ihr Welpe nach ausgiebigem Untersuchen des Anschusses, im Fährtenverlauf in Bewegung, sagen Sie zeitgleich ein ruhiges „Suuuch verwuund't!". Denken Sie hier wieder an die Übertragbarkeit von Stimmungen. Lassen Sie Ihren Welpen so ruhig und langsam wie möglich arbeiten, es kann eigentlich gar nicht langsam genug sein.
Dreht der Hund auf der Fährte um, so bremsen Sie ihn durch das Festhalten des Riemens aus. Stürmt er los, mäßigen Sie seinen Vorwärtsdrang, indem Sie den Riemen nur langsam und schwer aus Ihrer Hand laufen lassen (ähnlich wie eine schleifende Kupplung). Ist Ihr Welpe wieder in die richtige Richtung und mit angepasster Geschwindigkeit unterwegs, lockern Sie den Riemen wieder, bis Sie nur noch eine leichte Verbindung haben.

LOBEN MIT AUGENMASS

Auf der Fährte können Sie Ihren Hund bestätigen, indem Sie ihn mit „Sooo ist recht" oder Ähnlichem loben. Auch hier ist es wieder wichtig, das Lob ruhig und nicht aufdrehend zu verbalisieren. Manche Hunde stört aber auch ein Loben, in diesem Fall freuen Sie sich einfach über Ihren fleißigen Welpen und folgen ihm wortlos. Es ist wichtig, dass

WELPE AUF SCHWEISS – MÖGLICHE PROBLEME UND LÖSUNGSANSÄTZE

Fehlende Motivation des Welpen
— Überprüfung der Anforderungen, vielleicht gibt es zu viel Ablenkung
— Eventuell Futterwürfel in den Schleppenverlauf legen

Ungewolltes Einwirken durch festgehängten Riemen
— Selbst Riemenführung üben, dazu
— Gewöhnung des Hundes an Irritationen durch die Leine

Fehlende Konzentration des Welpen
— Überprüfung der Anforderungen (zu hoch? Fährte vielleicht zu lang?
— Motivation des Welpen fördern durch Belohnung am Schleppfährtenende oder kleine Futterbröckchen zwischendurch
— Eventuell Legen einer Fährte mit Futterwürfeln im Perlonstrumpf

Das Ansetzen erfolgt am besten mithilfe des Ansetzbandes.

Sie als Hundeführer „fährtentreu" bleiben: Ihr Welpe darf pendeln und soll von Anfang an die Erfahrung machen können, wie es ist, sich von der Fährte zu entfernen und diese wiederzufinden. Natürlich lassen Sie ihn nicht zu weit abkommen, denn er muss das Zurückfinden zur Fährte noch leisten können. Ist Ihr Welpe an der ausgelegten Decke angekommen, loben Sie ihn ausgiebig und machen ihn genossen.

Im weiteren Ausbildungsverlauf geht man von der Schleppe zu getupften oder gespritzten Fährten über. Auch die Einarbeitung mit dem Fährtenschuh kann nun folgen.

Das Fach Schweißarbeit, das in der Regel keine Schwerpunktaufgabe des vielseitigen Jagdgebrauchshundes ist, kann in diesem Rahmen nicht erschöpfend behandelt werden. Hierzu und zur Ausbildung des Schweißspezialisten empfehlen wir interessierten Leserinnen und Lesern weiterführende Fachliteratur wie z. B. „Hans-Joachim Borngräber: Die Schweißarbeit" (Kosmos-Verlag 2018).

ÜBEN DER HASENSPUR

Die Hasenspur ist ein gängiges Prüfungsfach im Rahmen von Jugendprüfungen. Hierbei soll Ihr Hund zeigen, wie er eine frische Wildspur ausarbeitet, die Spur hält und mit welcher Motivation er sie wiederfindet, sollte er sie im Verlauf verloren haben. Gern soll er beim Arbeiten der Spur zeigen, ob er spurlaut ist, bei manchen Rassen muss er das sogar. Er darf sich von Geländewechseln, Hindernissen, wie Gräben und Zäunen, nicht beirren lassen. Kommt er an einen flüchtenden Hasen, soll er diesen „laut" verfolgen. Möchten Sie mit Ihrem jungen Hund eine Prüfung mit Hasenspur absolvieren, üben

HASENSPUR NICHT ZU OFT!

Üben Sie die Hasenspur nicht zu häufig, Ihr Hund lernt dabei das Hetzen gesunden Wildes, das er im weiteren Leben tunlichst zu unterlassen hat. Natürlich reizt es, auf einer Prüfung gut abzuschneiden, aber das dazu Geförderte muss hinterher unter Hemmung gesetzt werden. Machen Sie es sich und Ihrem Hund nicht unnötig schwer. Darüber hinaus ist die Beunruhigung des Wildes nicht ganz außer Acht zu lassen.

Sie den Ablauf im Vorfeld. Beachten Sie, dass Ihr Hund diese Aufgaben erst mit einer gewissen Reife erfüllen kann, und auch der Laut entwickelt sich mit dem Erwachsenwerden. Jagdverhalten entwickelt sich konform mit der Geschlechtsreife. Beispielhaft seien nachfolgend die Anforderungen des Faches Hasenspur bei der Verbands-Jugendprüfung (VJP) dargelegt. Nachfolgend ein Auszug aus der „Ordnung für Verbandszuchtprüfungen (VZPO)" des Jagdgebrauchshundverbands (JGHV) mit Stand von 2017:

(1) Spurarbeit

- *a) Die Spurarbeit wird auf der vom Hunde nasenmäßig wahrgenommenen Spur des für ihn nicht oder nicht mehr sichtbaren Hasen oder Fuchses geprüft. Dem Führer ist es gestattet, den Hund bis zu 30 Meter an einer Leine zu arbeiten.*
- *b) Zu beurteilen ist der Spurwille und die Spursicherheit.*
- *c) Der Spurwille ist daran erkennbar, wie der Hund sich auf die Arbeit einstellt und unter Berücksichtigung der jeweiligen Umstände (Bodenbeschaffenheit, Wetter u. a.) die Spur anfällt, willig und beherrscht arbeitet und sich bemüht, sie auch unter schwierigen Gegebenheiten weiterzubringen. Über den Spurwillen gibt auch Aufschluss, ob der Hund nach dem sichtigen Verfolgen beim Außersichtkommen des Hasen oder Fuchses die Spur ruhig sucht und aufnimmt oder ob er abbricht oder gar planlos umhersucht.*
- *d) Die Spursicherheit zeigt sich in der Verhaltensweise des Hundes, wie er als Ausdruck seiner Wesensstabilität den Spurwillen (Beutewillen) beherrscht, das heißt, vor allem bei schwierigen Gegebenheiten in ruhiger Gangart den Fortgang der Spur sucht und sie auf diese Weise selbstständig und sicher vorwärtsbringt.*
- *e) Bei der Urteilsfindung müssen mehr der Spurwille, die Spursicherheit und die Schwierigkeit als die Länge der Spur berücksichtigt werden. Ein Hund, der (auch bei einer längeren Spurarbeit) bei der ersten Schwierigkeit die Arbeit sofort abbricht, kann für diese Einzelarbeit kein „Sehr gut" erhalten.*
- *f) Die Spurarbeit muss auf ganzer Länge weitgehend einsehbar sein.*

DER ABLAUF

Nachfolgend stellen wir exemplarisch den Ablauf einer Hasenspur vor. In der Regel gehen die Gespanne in einer „Böhmischen Streife", mit Nackenwind, die Flächen ab, auf denen Hasen vermutet werden. Steht ein Hase aus seiner Sasse auf, ist es wichtig, dass Ihr Hund dies nicht eräugt, denn er soll die Spur mit der Nase ausarbeiten. Hat er das Abspringen jedoch gesehen, ist es für ihn schwieriger, dies zu tun.

Gehen Sie nun zügig zur Sasse und setzen Sie Ihren Hund hinter ihr an. Achten Sie hierbei auf den Wind. Es ist ungünstig, wenn Ihr Hund direkt in oder kurz vor der Sasse angesetzt wird, da hier die Witterung am stärksten ist und der junge Hund Schwierigkeiten haben wird, sich aus diesem Geruchspool zu lösen. Stellen Sie sich vor, Sie stehen in einer Parfümerie und sollen anschließend ein einzelnes, schon leicht verflogenes Parfüm herausfiltern.

Hat Ihr Hund die Spur angenommen und verfolgt diese, begleiten Sie ihn noch ein Stück. Schnallen Sie ihn erst, wenn er sicher auf der Spur ist: Man kann förmlich sehen, wie der Hund sich an der Spur „festsaugt". Um den Hund beim Ansetzen möglichst wenig zu behindern, nutzen Sie am besten eine Ablaufleine oder ein Ansetzband. Ist Ihr Hund nach getaner Arbeit auf dem Rückweg, machen Sie sich bemerkbar und rufen ihn zu sich.

SICHERHEITSMASSNAHMEN

Lassen Sie Ihren Hund auf der Hasenspur – wie eigentlich immer im Freilauf – eine Warnhalsung mit Ihrer Handynummer tragen! Findet er einmal nicht zurück und läuft dann anderen Menschen zu, können diese Sie kontaktieren. Wählen Sie die Orte, an denen Sie Ihren jungen, noch nicht sicher gehorsamen Hund schnallen, mit Bedacht. Ein Hasen z. B., der in Richtung einer nahen Straße abgeht, sollten Sie ihn nie arbeiten lassen!

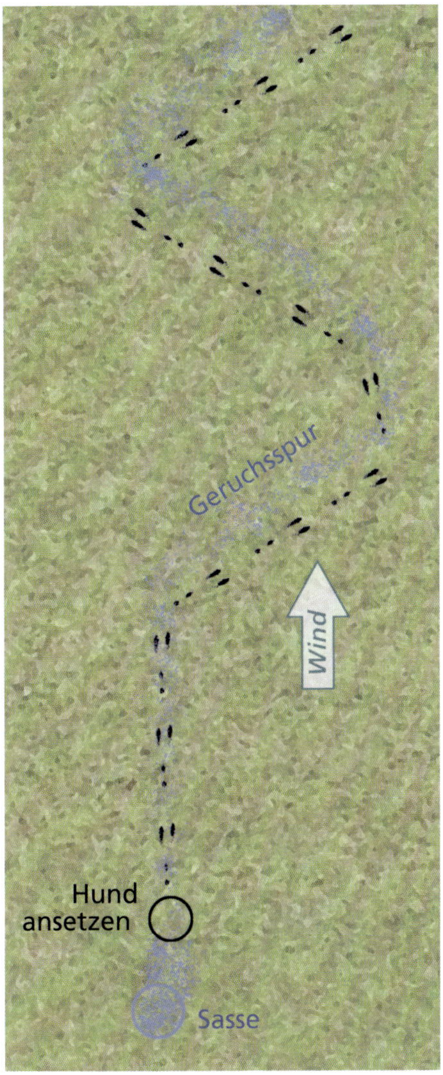

Hasenspur und ihr Duftbereich bei Nackenwind

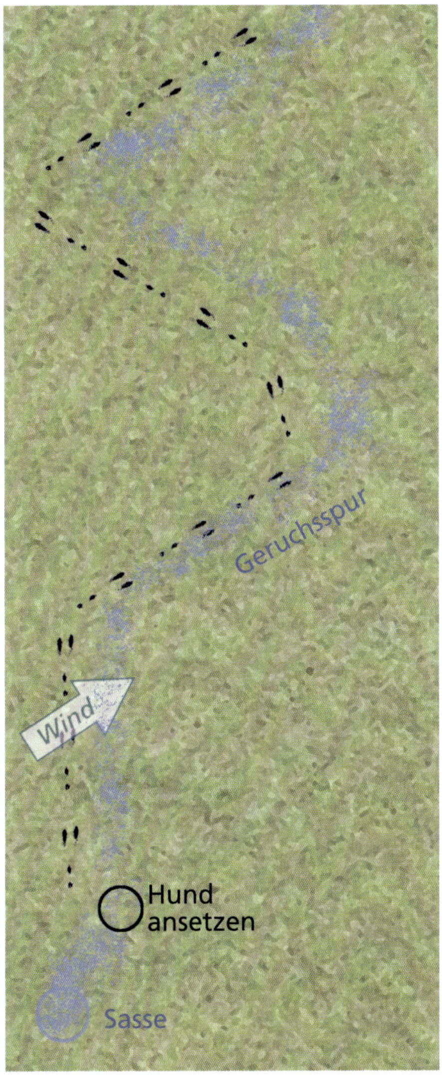

Hasenspur und ihr Duftbereich bei Seitenwind

REIZANGEL

Die Reizangel ist ein vielseitig einsetzbares Hilfsmittel. Nutzen Sie dieses Mittel nicht leichtfertig. Überlegen Sie sich zuvor genau, was Sie erreichen und üben möchten.

Neben ihrem Einsatzgebiet im Rahmen des Vorstehtrainings dient die Reizangel während des weiteren Ausbildungsverlaufs als verlockende Verleitung, um Gehorsam, z. B. das „Ablegen", abzusichern, die Frustrationstoleranz zu erweitern oder auch die Beutemotivation zu steigern. Mittlerweile kann man Reizangeln bereits im Handel kaufen. Sie können aber auch eine ausgediente Angelrute oder einen langen, etwas biegsamen Stock verwenden. Die Länge sollte ca. zweieinhalb bis drei Meter betragen. Befestigen Sie eine ebenso lange Schnur an dem Stock und an deren Ende die gewünschte Beute. Hier bieten sich Bälge, Decken, Schwingen oder auch kleines Raubwild o. Ä. an.

01

Nun geht es darum, der Beute Leben einzuhauchen. Ihr Hund soll hinter der Beute herhetzen und sie zu packen versuchen. Hierzu bewegen Sie die Reizangel in schnellen Bewegungen vor Ihrem Hund hin und her: mal in fließenden Bewegungen von einer Seite zur anderen, mal hüpft die Beute oder fliegt ein Stück.

Wichtig ist es hierbei, darauf zu achten, dass Ihr Hund sein Interesse nicht verliert. Lassen Sie ihn also auch immer wieder die Beute greifen. Hat er sie erfolgreich erbeutet, wird er sie imponierend tragen, sie ausgiebig schütteln und genauestens untersuchen. Lassen Sie ihn dies eine gewisse Zeit tun und nehmen Sie ihm die Beute anschließend ohne großes Aufsehen weg. Er soll Spaß haben und hochmotiviert bleiben. Beenden Sie das „Spiel", solange Ihr Hund noch voller Eifer dabei ist. Einige Hunde zeigen hier bereits die Anfänge vom Sichtlaut. Probieren Sie ruhig unterschiedliche Beute aus. Eine Fuchslunte oder anderes Raubwild an der Reizangel hilft, auch den u. U. an Raubwild verhaltenen jungen Jagdhund aus der Reserve zu locken. Die Chancen stehen gut, dass die Vorbehalte gegen unbeliebtes Wild vergehen.

Passen Sie beim Einsatz der Reizangel die Bewegungen den körperlichen Fähigkeiten Ihres Hundes an und übertreiben Sie nicht in der Dauer und Anforderung. Die abrup-

02

01 Eine Reizangel ist schnell selbst gebaut.

02 Um dem Hund die Aufgabe zu verdeutlichen, kann der Mensch unterstützen.

03 Nach einigen Wiederholungen hat der Junghund seine Aufgabe verstanden und steht selbstständig vor.

04 Abtragen durch Anheben des Vorderkörpers beendet das ruhige Vorstehen.

03

04

ten Stopps und Richtungswechsel beanspruchen den Bewegungsapparat Ihres Hundes durchaus. Gerade beim Welpen und Junghund ist ein angepasster Einsatz der Reizangel unabdingbar, unter dieser Voraussetzung aber trainiert sie den Bewegungsapparat in geeigneter Weise.

Vorstehen an der Reizangel

Ein typisches Einsatzgebiet der Reizangel ist das Trainieren des Vorstehens. Hierzu wird der Hund zunächst dazu animiert, der Beute hinterherzuhetzen. Bewegen Sie die Reizangel, wie oben beschrieben, in unterschiedliche Richtungen und mit unterschiedlichen Geschwindigkeiten. Lassen Sie die Beute immer wieder still auf dem Boden liegen. Nähert sich dann Ihr Hund stürmisch, ziehen Sie sie wieder weg. Verharrt Ihr Hund vor der liegenden Beute, loben Sie ihn mit ruhiger, leiser Stimme. Ihr Hund wird anfangs wahrscheinlich nicht lange stehen bleiben, bevor die Hetze weitergeht. Lassen Sie ihn die Beute hin und wieder greifen, aber nicht jedes Mal. Verbinden Sie sein „Einspringen“ mit einem Kommando wie z. B. „Hopp!“, später soll und darf er nur gezielt auf dieses Kommando hin einspringen.
Hat Ihr Junghund nach einigen Wiederholungen verstanden, dass sein Verharren gewünscht ist, wird er dieses Verhalten zuverlässiger zeigen und vorstehen.

Im weiteren Verlauf animieren Sie Ihren Hund zum Nachziehen. Hierzu bewegen Sie die Beute langsam von dem stehenden Hund weg. Ihr Hund soll, bildlich gesprochen, von der Beute nachgezogen werden. Liegt die Beute wieder still, steht auch der Hund wieder ruhig da. Auch hier können Sie Ihren Hund verbal, durch ein ruhig und leise gesprochenes „Langsam", unterstützen. Lassen Sie Ihren Hund anschließend auf Kommando einspringen und die Beute greifen.
Üben Sie auch das Abtragen aus dem Vorstehen. Hierzu nehmen Sie Ihren ruhig stehenden Hund entweder im Ganzen hoch oder heben alternativ nur seinen Vorderkörper an und drehen ihn in die dem Wild abgewandte Richtung.

Beutemotivation fördern

Durch das gezielte Hetzen- und Packen-Lassen an der Reizangel fördern Sie die Beutemotivation Ihres jungen Hundes. Dies macht vor allem auch dann Sinn, wenn Ihr Welpe oder Junghund eher zögerlich im Umgang mit kaltem Wild ist. Reizen Sie Ihren Hund immer wieder zum Hetzen. Greift er die Beute, zerren Sie mit ihm um die Wette. Lassen Sie ihn hierbei immer gewinnen. Er soll Berührungsängste abbauen und Selbstbewusstsein aufbauen. Durch das Gewinnen, aber auch durch die Selbstüberwindung wird Ihr junger Hund stolz auf sich sein und in Zukunft immer mutiger an Beute rangehen. Achten Sie hierbei auf den Verlauf seiner Entwicklung – größenwahnsinnig soll er ja auch nicht werden.

Motivationsinstrument Reizangel

Die Reizangel kann Ihnen auch gute Dienste leisten, wenn es darum geht, Unsicherheiten des Hundes zu überwinden. Ein gutes Beispiel ist hier die Wassergewöhnung. Mag Ihr Welpe nicht ins Wasser, können Sie versuchen, ihn mit der Reizangel zu animieren. Durch das bekannte „Spiel" verliert das Wasser idealerweise seine Bedeutung. Ganz nebenbei führen Sie die Beute immer weiter in Richtung Wasser und lassen sie letztlich darin landen. Viele Welpen sind durch das Spielen so frei und unbedarft, dass sie wie selbstverständlich ins Wasser springen, um ihre Beute zu bekommen. Achten Sie dabei unbedingt auf die Gegebenheiten. Zu tiefes Wasser, in dem Ihr Welpe womöglich auch noch ungewollt untertaucht und infolgedessen dann erschrickt, wäre an dieser Stelle eine absolute Negativerfahrung.

Die Reizangel als Verleitung

Neben einem Mittel zum gewollten Auflockern von Situationen ist die Reizangel auch eine ideale Hilfe, um den Hund in Versuchung zu führen. Nehmen wir z. B. das Kommando „Halt". Sie haben Ihrem Hund das korrekte „Halt" beigebracht und es ausreichend generalisiert. Nun geht es darum, Verleitungen einzubauen, um den Gehorsam abzusichern. Anfangs lassen Sie Ihren Hund ins „Halt" gehen. Verleiten Sie ihn nun mit der Reizangel, indem Sie die Beute um ihn herumfliegen und -flitzen lassen. Ihr Hund muss unbeirrt liegen bleiben. Eine andere Übung wäre, Ihren Hund an der Reizangel hetzen zu lassen. Ist er nun voll in seinem Element, geben Sie ihm das „Halt"-Kommando. Ihr Hund muss trotz des großen Reizes sofort runtergehen. In dieser oder ähnlicher Form ist die Reizangel vielseitig als Verleitung einsetzbar.

01

04

02

05

03

01–05 Motivieren Sie Ihren jungen Hund zum Hetzen hinter der Reizangel. Er muss sich auf die ständig wechselnden Richtungen einstellen. Da er durch Hetzen nicht zum Erfolg kommt, wird er eine neue Strategie ausprobieren. Im Idealfall zeigt er nun erstes Verharren. Jetzt unterstützen sie diese Idee verbal, durch Körpersprache oder durch Berührung.

JAGDLICHE AUSBILDUNG

SUCHE UND SCHUSS

Ihr Welpe ist zum Junghund gereift, Sie haben den Grundstein zum Jagdhund und Begleiter gelegt. Eine seiner späteren Aufgaben besteht darin, ihm zugewiesene Flächen sorgfältig abzusuchen, um Wild zu finden.

VORBEMERKUNGEN

Wenn Sie sich nun auf die ersten jagdlichen Einsätze mit dem Hund und die damit verbundenen Prüfungen vorbereiten, dürfen, ja müssen Ihre Ansprüche an den Hund weiter steigen. Der spätere Jagdbegleiter hat jetzt zu lernen, dass von ihm Ernsthaftigkeit und vor allem Zuverlässigkeit erwartet wird. Sie werden nicht darum herumkommen, Kommandos konsequent durchzusetzen. Ein Jagdhund *darf* später nicht apportieren, sondern er *muss*, nur dann können wir waidgerecht und verantwortungsvoll dem Wild gegenüber jagen. Trotzdem ist es auch in diesem Abschnitt immer wieder wichtig, die Dinge in angepasstem Tempo und mit passender Technik beizubringen. Hat Ihr Hund eine Aufgabe sicher verstanden, ist es an Ihnen, für die zuverlässige Ausführung zu sorgen. Vergessen Sie bei allem Ehrgeiz aber nie, dass es sich um einen jungen Hund handelt, der sich darüber hinaus in einer schwierigen Entwicklungsphase, der Pubertät, befindet. Überprüfen Sie immer wieder, ob die Aufgabe wirklich noch klar ist, Ihre Ansprüche nicht zu hoch sind und Sie Ihrem Hund gegenüber fair bleiben. Durchsetzen hat nichts mit schlechten Emotionen wie Wut, Macht und Ungeduld zu tun. Wie im Vorfeld bereits erläutert, ist die Art der Korrektur sehr stark vom jeweiligen Hund abhängig.

SUCHE IM FELD

Um Wild aufzuspüren, soll der Hund ihm zugewiesene Flächen sorgfältig absuchen. Da Wild mitunter sehr fest liegt, braucht unser Hund für diese Aufgabe Ausdauer und Finderwille, darüber hinaus muss er seine Nase gut einsetzen, schussfest und lenkbar,

Beginnen Sie die Suche aus dem Stand …

und schicken Sie den Hund mit „Such voran" in die fleißige Suche.

also führig sein. Diese Eigenschaften werden auch im Rahmen der Jagdhundeprüfungen bewertet.
Sie haben Ihren Hund an die ersten Schüsse gewöhnt, er hat verschiedene Reviere kennengelernt, orientiert sich auch ohne Leine recht gut an Ihnen und lässt sich abrufen. Achten Sie bei der Suche darauf, dass Ihr Hund möglichst mit Gegenwind arbeitet, er soll den Wind nutzen können, um frühzeitig an Witterung zu kommen. Als Suchengelände bietet sich grundsätzlich alles an, wo Sie später auch jagen möchten. Beginnen Sie jedoch nicht zu schwer. Eine Grünfläche bietet sich für den Anfang an. Idealerweise liegt auf dieser Fläche Niederwild, sodass Ihr Hund auch an Witterung und gegebenenfalls sogar an ein Stück Wild kommt.

STARTEN LEICHT GEMACHT

Gehen Sie ein Stück auf die ausgewählte Fläche und fordern Sie Ihren Hund zu einer fleißigen Suche auf. Lassen Sie ihn hierzu neben sich sitzen und schicken ihn aus dieser Position mit einem auffordernden „Such voran“ los. Startet Ihr Hund meistens eher verhalten, versuchen Sie, ihm diesen Start zu erleichtern. Lassen Sie ihn erst neben sich sitzen, entfernen Sie sich ein Stück von ihm in die Richtung, in die er laufen soll. Sprechen Sie ihn an und fordern Sie ihn mit einer Geste und Ihrer Körperdrehung dazu auf, an Ihnen vorbei in die Suche zu starten. Durch das „Auf-Sie-Zulaufen“ fällt es dem verhaltenen Hund leichter zu starten.

KÖRPERSPRACHE UND DYNAMIK

Achten Sie beim Beginn auf Ihre Stimmung und Ihre Körpersprache. Dynamik bedingt Dynamik, das heißt, wenn Sie schwungvoll und aufmunternd in die Suche starten, wird es Ihnen Ihr Hund gleichtun.
Gehen Sie nun zügig die Fläche ab. Dabei bringen Sie Ihren Hund mithilfe Ihrer Körpersprache dazu, die Fläche von einer Seite zur anderen abzusuchen. Gehen Sie hierzu so lange in die gewünschte Richtung hinter Ihrem Hund her, bis dieser die eine Seite der Fläche erreicht hat. Nun drehen Sie selbst um und gehen zügig in die andere Richtung; Ihr Hund wird Ihnen folgen, überholen und in der neuen gewünschten Richtung weitersuchen. Achten Sie bei der Suche darauf, Ihren Hund die ganze Zeit vor sich zu behalten. Sollte er Witterung bewinden, sich lösen o. Ä. gehen Sie nur langsam weiter. Nimmt er die Suche wieder auf, unterstützen Sie ihn durch Ihre eigene Dynamik, fleißig weiterzusuchen.

DER WENDEPFIFF

Einige Hunde muss man bei der Quersuche eher bremsen und davon abhalten, als Fernaufklärer auch noch die angrenzenden Flä-

---

SUCHE – MÖGLICHE SCHWIERIGKEITEN UND LÖSUNGSANSÄTZE

Hund sucht nicht fleißig, ist unmotiviert.

- Motivierung des Hundes zu mehr Dynamik über eigene Körpersprache und schnelle Bewegung („Vorbildfunktion")
- In wildärmeren Gebieten künstliche Witterung durch Schleppen o. Ä. herstellen, dabei Schleppe im Zickzack und auch bis über den Rand der Fläche ziehen!
- Apportl auslegen
- Zur Suche nicht immer in dieselbe, bekannte Fläche schicken
- Erwachsenen Hund als Vorbild mitsuchen lassen (das darf aber nicht zum Spiel werden)

Hund orientiert sich nicht am Menschen oder entzieht sich.

- Rückruf überprüfen
- Stoppsignal (Halt) überprüfen
- Wendepfiff zum Einrahmen (ggf. mit Schleppleine einarbeiten)
- Deutliche Körpersprache
- Sicher abrufbaren Hund als Vorbild mitsuchen lassen

Entfernen Sie sich ein Stück vom Hund ...

chen abzusuchen. Ist das bei Ihrem Hund der Fall, sollten Sie im Vorfeld das „Halt“ als Stoppsignal etabliert haben (s. S. 171). Zusätzlich bringen Sie Ihrem Hund den Wendepfiff bei.

Den Wendepfiff können Sie recht schnell mithilfe der Schleppleine eintrainieren. Lassen Sie Ihren Hund dazu an der langen Leine laufen. Nun pfeifen Sie jedes Mal in dem Moment, kurz bevor Ihr Hund das Ende der Leine erreicht hat. Als Wendepfiff nutzen Sie z. B. einen kurzen Pfiff. Ihr Hund wird sich zu Ihnen umsehen. In diesem Moment gehen Sie auffordernd in die entgegengesetzte Richtung. Ihr Hund wird Ihnen folgen tut er dies nicht, unterstützen Sie ihn dabei mit der Schleppleine.

Nach einigen Wiederholungen wird Ihr Hund die Bedeutung des Wendepfiffs verstanden haben. Sichern Sie dieses Kommando unter Ablenkungen wie z. B. fliegenden Bällen o. Ä. ab.

SCHUSSFESTIGKEIT

Die ersten Schüsse mit dem Kleinkaliber hat ihr junger Hund bereits kennengelernt und positiv verknüpft. Um die Schussfestigkeit weiter zu etablieren, soll Ihr Hund nun Stück für Stück an den Flintenschuss gewöhnt werden. Dieser darf ihn in seiner Suche nicht wesentlich beirren. Darüber hinaus soll er lernen, dass Sie auch neben ihm stehend schießen.

Anfangs lassen Sie sich durch eine Hilfsperson unterstützen, welche die ersten Schüsse in einiger Entfernung abgibt. Die Hilfsperson bleibt also am Feldrand zurück, während Sie Ihren Hund in eine Quersuche schicken. Lassen Sie ihn, wie bereits geübt, fleißig suchen. Nun kann der erste Schuss erfolgen. Beeindruckt dies Ihren Hund nicht, so nähert sich der Schütze immer weiter an, bis Sie schließlich selbst schießen können.

… fordern sie ihn körpersprachlich zum Starten auf …

… und schicken ihn mit „Such voran“ in eine fleißige Suche.

Idealer Zeitpunkt – Hund sieht die Schussabgabe.

Der Hund sucht unbeirrt in der vorgegebenen Richtung weiter.

Um ein anfängliches Erschrecken Ihres Hundes zu vermeiden, sollten Sie einige Spielregeln beachten. Achten Sie bei der Schussabgabe darauf, dass Ihr Hund mindestens 20 Meter von Ihnen entfernt ist. Der Hund soll das Hochnehmen der Waffe möglichst sehen, somit passiert nichts Unerwartetes für ihn. Es ist anfangs wichtig, nicht im Rücken des jungen Hundes zu schießen. Wenn der Hund später den Schuss gut kennt und ihn mit Beute verbindet, ist das unproblematisch.

ÜBUNGSAUFBAU

Gehen Sie in Richtung Feldkante, während Ihr Hund vor Ihnen sucht. Bevor er den Rand erreicht, drehen Sie wie geübt um und gehen in die entgegengesetzte Richtung und weg von Ihrem Hund. In dem Moment, in dem der Hund nach Ihnen schaut und hinter Ihnen herläuft, geben Sie den Schuss in Ihre gemeinsame Laufrichtung ab. Achten Sie auf den ausreichenden Abstand zwischen sich und dem Hund. Nach der Schussabgabe gehen Sie zügig und unbeeindruckt weiter. Selbst wenn der Hund durch den Schuss irritiert ist, wird er Ihrem Vorbild folgen und dadurch feststellen, dass es keinen Grund zur Sorge gibt.

UNSICHERHEIT DES HUNDES?

Sollten Sie in diesem Schritt leichte Unsicherheiten bei Ihrem Hund feststellen, können Sie ihn durch Bewegungsreize animieren und eine positive Verknüpfung herstellen.

Schießen Sie nicht über den Hund. Dieser Hund ist außerdem zu dicht am Schützen.

Werfen Sie dazu im Moment der Schussabgabe z. B. ein Dummy in Schussrichtung, welches er holen darf. Einfachheitshalber lassen Sie sich hierbei von einer Hilfsperson unterstützen. Nach dem ersten Schuss lassen Sie Ihren Hund weitersuchen. Ist er etwas verhalten, laufen Sie ein Stück mit ihm und lockern so die Stimmung wieder auf. Rufen Sie ihn nicht zu sich und loben Sie ihn auch nicht dafür, dass er sich in Ihrem Nahbereich aufhält. Er soll weitersuchen. Der nächste Schuss erfolgt erst, wenn Ihr Hund wieder flüssig und unbeeindruckt läuft.
Auch wenn Sie die Suche beenden möchten, lassen Sie Ihren Hund nach jedem Schuss noch etwas weiterlaufen. Vermeiden Sie unter allen Umständen, dass Ihr Hund die Schussabgabe mit der Beendigung der Übung und dadurch mit dem Zurückkommen zu Ihnen verknüpft.

GENERALISIERUNG

Generalisieren Sie das Schießen durch Wiederholungen an verschiedenen Tagen und auf unterschiedlichen Flächen. Nur weil es beim ersten Versuch keine nennenswerte Reaktion auf den Schuss gibt, bedeutet das nicht, dass diese im Nachhinein nicht doch noch eintritt. Auch wir Menschen realisieren manchmal erst im Wiederholungsfall, dass eine Situation bei uns doch Unbehagen hinterlassen hat. Denken Sie daran, Ihr Hund befindet sich in einer sensiblen Phase, der Pubertät.

Standruhe – Sicherheit für Mensch und Hund

Dieser Hund gefährdet Mensch und Tier.

WICHTIGES – AUF DEN PUNKT GEBRACHT

Zusammenfassend sollen die für das Training der Schussfestigkeit wesentlichen Punkte einmal wiedergegeben werden:

- Es geht in dieser Ausbildungsphase nicht um bejagte Hunde! Das heißt, der Schuss ist noch nicht mit Beute verknüpft, die Sensibilität der Hunde ist je nach altersbedingter Phase noch sehr unterschiedlich.
- Auch wenn es beim ersten Mal gut aussieht, kann das Schießen nachwirken. Wiederholung ist wichtig!
- Genügend Abstand bei der Schussabgabe einhalten
- Kein direktes Abrufen nach der Schussabgabe
- Nicht im Rücken des Hundes schießen

SCHÜSSE IM NAHBEREICH

Nachdem Ihr Hund das Schießen im Feld ohne Schwierigkeiten und Beeinträchtigungen duldet, geht es nun darum, ihn auch an Schüsse im Nahbereich und in der Statik zu gewöhnen. Diese Situation begegnet Ihnen auf der Jagd z. B. als Vorstehschütze. Während Sie schießen, muss Ihr Hund ruhig neben Ihnen verharren und darf Sie nicht stören. Weder durch Einspringen, Winseln oder Lautgeben noch durch den Drang, vor dem Geschehen zu flüchten.

Ihr Hund kennt mittlerweile Flintenschüsse und lässt sich problemlos ablegen. Stellen Sie sich mit dem angeleinten Hund z. B. an eine Feldkante. Auch hier bedienen Sie sich anfangs einer Hilfsperson, welche sich in einigem Abstand zu Ihnen befindet. Lassen Sie den Hund die Hilfsperson und, damit verbunden, deren Anschlagen der Waffe sehen. Nun schießt die Hilfsperson in die Luft. Um sicherzustellen, dass Ihr Hund das Schießen auch hier wieder positiv verknüpft, können Sie ihn bei der Schussabgabe füttern. Achten Sie aber darauf, dass Ihr Hund liegen oder sitzen bleibt.

Im weiteren Verlauf nähert sich die Hilfsperson wieder an, bis Sie schließlich selbst schießen. Denken Sie auch hier an das Wiederholen der Übung, um die Gewöhnung zu etablieren und zu überprüfen.

APPORT

Ob im Feld, im Wald oder im Wasser: Eine wichtige Aufgabe unserer Jagdhelfer ist das Apportieren von Niederwild. Es ist für die waid- und tierschutzgerechte Jagd unabdingbar, einen zuverlässigen Apporteur an der Seite zu haben.

Nur mithilfe des zuverlässig bringenden Hundes können wir sicherstellen, in den Besitz des erlegten Wildes zu kommen und – das ist tierschutzrelevant – beschossenes und noch nicht verendetes Niederwild zur Strecke zu bringen. Der zuverlässige Apport muss also zwingend hergestellt werden, wenn Sie mit Ihrem Hund die Niederwildjagd an Land oder am Wasser ausüben möchten.

Es gibt eine Reihe von Möglichkeiten, dem Hund das Apportieren beizubringen. Wir stellen nachfolgend eine Methode vor, die unserem Ausbildungsgrundsatz „beibringen – etablieren – absichern" treu bleibt. Bei dieser Methode kann das Apportieren in Teilschritte zerlegt werden:

- Zufassen: Der Hund greift den hingehaltenen Gegenstand.
- Halten und Ausgeben: Der Hund belässt den Gegenstand im Fang und gibt ihn auf Kommando her.

Das „Ausgeben" haben Sie bereits mit Ihrem Welpen geübt, es sollte daher kein Problem darstellen. Die Anfänge des Haltens wurden durch das Dulden Ihrer Hand und gegebenenfalls eines Handschuhs geübt. Über die Bringfreude haben Sie den Grundstein für das Aufnehmen von Gegenständen gelegt. Nun geht es darum, diese Vorerfahrungen zu verfeinern und zusammenzufügen. Achten Sie darauf, dass der Zahnwechsel Ihres Hundes vor Beginn der Apportierarbeit abgeschlossen ist.

ZUFASSEN

Beginnen Sie Ihr Apportiertraining an einem ungestörten Ort. Anfangs handelt es sich um eine ausschließlich statische Übung, das heißt, Sie sitzen oder stehen vor Ihrem ebenfalls sitzenden oder stehenden Hund. Nehmen Sie zu Beginn einen Gegenstand, den Ihr Hund kennt und gern mag. Animieren Sie ihn zum Greifen und bestätigen Sie ihn in genau dem Moment, in dem die Zähne den Gegenstand berühren.

Wichtig: Das Kommando „Apport" wird an dieser Stelle noch nicht genutzt. Ihr Hund soll von Anfang an lernen, dass er sich den Gegenstand aktiv holen muss.

Wiederholen Sie den Schritt des Greifens, bis Sie merken, dass Ihr Hund die Handlung zuverlässig zeigt. Übertragen Sie diesen Schritt auf verschiedene Gegenstände. Sie werden schnell feststellen, dass es deutliche Vorlieben gibt. Bleiben Sie nicht in Ihrer Komfortzone, sondern nutzen Sie möglichst viele verschiedene Gegenstände.

NICHT IN DEN FANG SCHIEBEN!
Achten Sie unbedingt darauf, Ihrem Hund den Gegenstand nicht in den Fang zu schieben! Oft wird das Apportl zu weit oder zu grob in den Fang des Hundes geschoben. Einige Hunde verweigern daraufhin rasch die Mitarbeit, um diese unangenehme Erfahrung zu vermeiden.

ANIMIEREN ZUM GREIFEN

Wie aber animieren Sie Ihren Hund zum Greifen? Es gibt verschiedene Möglichkeiten, probieren Sie sie aus:

„Lebendig-Machen" Häufig bewirkt das „Lebendig-Machen" des Apportls ein Zugreifen des Hundes. Bewegen Sie das Apportl hierbei etwas vor Ihrem Hund hin und her.

„Wichtig-Machen" Auch durch das „Wichtig-Machen" des Apportls können Sie eine Spannung für den Hund aufbauen. Hierzu halten Sie das Apportl außer Reichweite und täuschen das Hinhalten einige Male lediglich an. Lassen Sie ihn also einige Male vergeblich nach dem Apportl schnappen, erst dann halten Sie es ihm in greifbarer Nähe entgegen.

„Ärgern am Fang" Auch das leichte „Ärgern am Fang" animiert einige Hunde zum schnellen Zugreifen. Dabei wird der Fang des Hundes immer wieder mit dem Apportl berührt und der Hund „genervt" und so zum Zufassen provoziert.

Seien Sie geduldig und geben Sie nicht zu schnell auf. Bei vielen Hunden ist das Zufassen der schwierigste Part und er erfordert etwas Geschick. Klappt es auf die genannten Arten partout nicht, öffnen Sie den Fang des Hundes und legen ihm das Apportl hinein, damit er eine Idee davon bekommen kann, was Sie überhaupt von ihm möchten. Das darf jedoch nicht zur Gewohnheit werden, da Ihr Hund an dieser Stelle selbst aktiv werden muss. Hunde, die in der Vergangenheit gelernt haben, dass das Anbieten von Verhalten sich lohnen kann, werden hier schneller aktiv.

APPORT ALS KOMMANDO

Greift Ihr Hund zuverlässig die unterschiedlichen angebotenen Gegenstände, etablieren Sie das Wort „Apport". Hierzu sagen Sie das Kommando in genau dem Moment, in dem die Zähne den Gegenstand berühren, Ihr Hund also greift. Wiederholen Sie diesen Schritt einige Male und auch mit verschiedenen Gegenständen.

Zeigen des Apportls in ruhiger Stimmung

Der Hund greift aktiv nach dem angebotenem Apportl.

Ist das Kommando „Apport“ durch dieses Generalisieren gelernt, gehen Sie dazu über, Ihren Hund auf das Kommando hin das Apportl greifen zu lassen. Hat er das Kommando verstanden, wird er nun auf „Apport“ den Gegenstand greifen. In diesem Anfangstadium des Apport-Trainings muss der Hund noch nicht zuverlässig festhalten, es geht ausschließlich um das Greifen. Jetzt ist es also noch kein Problem, wenn er nach Ihrer Verstärkung den Gegenstand fallen lässt. Für ihn ist die Übung im Moment der Verstärkung beendet.

DURCHSETZEN

Greift Ihr Hund auf „Apport“ den Gegenstand nicht und Sie können sicher sein, dass er das Kommando verstanden hat, müssen Sie dies umgehend durchsetzen. Diese Durchsetzung ist auch hier wieder sehr individuell: Bei dem einen Hund reicht ein schärferes Wort, bei dem nächsten muss man den Fang mit etwas Duck öffnen und den Gegenstand hineinlegen oder ihn an die Schulter ticken.

Wichtig ist, dass Sie beim Durchsetzen beständig und zuverlässig bleiben. Es ist nicht ungewöhnlich, dass ein Hund auf die Korrektur nicht sofort mit dem gewünschten Verhalten reagiert. Häufig bedarf es einiger Wiederholungen, bis Ihr Hund Ihnen Ihre Ernsthaftigkeit abnimmt. Lassen Sie sich nicht dazu verleiten, lediglich das Wort zu wiederholen („Apport.“ – „Apport!“ – „Apport!!!“ – ...), das hat mit Korrektur beziehungsweise Durchsetzen nichts zu tun. Auch ein Lauterwerden ist hier nicht zielführend, Ihr Hund hat Sie sehr wohl gehört. Nach einer Korrektur dürfen und sollten Sie das Kommando jedoch wiederholen, um den Auftrag klarzustellen: „Apport.“ – Einwirkung – „Apport“.

HALTEN UND „AUS“

Im nächsten Schritt geht es um das Halten und das „Aus“-Geben. Hierzu geben Sie Ihrem Hund den Gegenstand in den Fang und lassen ihn diesen halten, bis Sie ihn zum Ab-

Selbstständiges Halten bis zum Kommando „Aus“

APPORT MIT KLICKER

Zur Ausbildung im Apport können Sie sich der klassischen Konditionierung in Form des Klickers bedienen (s. S. 146). Die Vorteile des Klickertrainings sind hierbei: Der Hund bietet das Verhalten selbst an, dies wird in der Regel sehr gut abgespeichert („trial and error").

— Es entsteht keine direkte Ablenkung durch die Futterhand.

— Sie können punktgenau verstärken, auch wenn sich das Apportl noch im Fang befindet.

— Eine gleichbleibende Verstärkung ist möglich, da sich Ihre Stimmung nicht auf das Klicken auswirkt.

— Nach einer Korrektur lockert der Klicker die Stimmung wieder.

geben auffordern. Steigern Sie die Dauer des Haltens Stück für Stück. Ziel ist es, dass Ihr Hund den Gegenstand so lange ruhig und sicher hält, bis das Kommando „Aus" erfolgt. Dies wiederholen Sie sowohl mit den verschiedenen Gegenständen als auch mit unterschiedlicher Dauer des Haltens.

KNAUTSCHEN UND AUSSPUCKEN

Wichtig ist, dass Sie hier sehr sorgfältig vorgehen. Jegliches Knautschen, Ausspucken, Entziehen o. Ä. muss von Ihnen korrigiert werden. Knautscht ein Hund, reicht es bei den meisten bereits, wenn man Ihnen, im Moment des Kauens, mit dem Zeigefinger auf den Nasenrücken tickt und verbal seinen Unmut darüber kundtut. Im Gegenzug streichelt man den Hund, wenn er den Gegenstand ruhig hält.

Das Ausspucken beantworten Sie am besten mit einem sofortigen Schnauzgriff. Ihn beenden Sie erst, wenn sich der Gegenstand wieder im Fang befindet. Häufig wiederholt sich das Ausspucken einige Male. Diskutieren Sie das ruhig aus und versuchen Sie nicht, den Fehler zu umschiffen. Ihr Hund muss lernen, dass er dafür verantwortlich ist, dass der Gegenstand in seinem Fang bleibt.

AUSGEBEN – NUR AUF KOMMANDO

Auch beim „Aus" ist Ihre Sorgfalt gefragt. Achten Sie konsequent darauf, dass Ihr Hund den Gegenstand wirklich erst auf Ihr Kommando hin loslässt und nicht bereits, wenn Sie Ihre Hand ausstrecken oder den Gegenstand lediglich berühren. Sicheres Festhalten und ein gewünschtes Abgeben sind wichtig. Stellen Sie sich vor, Ihr Hund bringt Ihnen später ein noch nicht verendetes Stück Wild und lässt es los, bevor Sie es wirklich fest in Ihrer Hand haben.

Um das „Aus" zu überprüfen, ticken Sie z. B. seitlich auf den Gegenstand oder umfassen eine Seite; Ihr Hund soll ihn trotzdem weiterhin festhalten und erst auf „Aus!" loslassen. Es ist wichtig, dass Sie Ihren Hund Fehler machen lassen und diese dann angemessen korrigieren. Wie soll Ihr Hund ohne Fehler wissen, dass er etwas falsch gemacht hat? Äußerungen wie „Halt fest" o. Ä. resultieren häufig aus dieser nicht geklärten Situation und der damit verbundenen Unsicherheit. Ihr Hund soll lernen, auf „Apport" zu greifen und auf „Aus" herzugeben, da bedarf es keiner weiteren Worte.

Haben Sie nun auch das „Halten" mit anschließendem „Aus" etabliert und generalisiert, werden die beiden Schritte zusammengefügt. Ihr Hund muss jetzt den gezeigten Gegenstand auf das Kommando „Apport!" hin greifen, sauber festhalten und beim Kommando „Aus!" hergeben.

AUSGEBEN IM SITZEN – ABER WO?

Es stellt sich immer wieder die Frage, wo der Hund bei der Abgabe denn nun eigentlich sitzen soll. Früher war die Antwort ganz klar, er musste vorsitzen. Heute ist es eher Geschmacksache. Trainieren Sie mit Ihrem Hund anfangs eine Position, aus dem vorangegangenen Ablauf bietet sich das Vorsitzen an. Später können Sie mit Ihrem Hund zusätzlich die seitliche Abgabe trainieren.

Unterstützen des Haltens durch den Hundeführer

Überprüfen des Griffs durch Anticken

Unterbrechen des Knautschens

Schnauzgriff, bis das Apportl wieder im Fang ist

Apport steigern durch harte Gegenstände

Apport steigern durch Fellapportl

ÜBUNG ZUM ABSICHERN

Legen Sie zur Verleitung dicht hinter das Apportl ein paar Futterbrocken. Ihr Hund soll sich beim Apportieren hiervon nicht beirren lassen. Schwieriger wird es dann noch mal, wenn Sie anschließend die Futterverleitung vor das Apportl legen, Ihr Hund also über diese hinweg apportieren muss.

APPORT IN BEWEGUNG

Bisher hat sich alles mit Ihnen in statischer Position abgespielt, nun kommt Bewegung ins Spiel. Halten Sie die Gegenstände in verschiedenen Abständen und Höhen vor den Hund und lassen Sie ihn sich aktiv dorthin bewegen. Es ist durchaus nicht ungewöhnlich, dass der Hund den Gegenstand fallen lässt, wenn er sich bei den ersten Malen damit setzen soll – verzweifeln Sie nicht, bleiben Sie ruhig und beherrscht, aber konsequent.

Manche Hund haben auch Schwierigkeiten, wenn sie den Gegenstand zum ersten Mal vom Boden aufheben sollen. Meistens funktioniert dies aber, sobald man das liegende Apportl mit der Hand berührt. Der Hund hat bisher ja immer einen von Ihnen gehaltenen Gegenstand gegriffen, das ist der erlernte Kontext. Im weiteren Verlauf nehmen Sie Ihre Hand Stück für Stück vom Gegenstand und entfernen sich anschließend ganz.

PROZEDURALES LERNEN AUCH BEI APPORT

Während des Lernprozesses ist es auch beim Apport durchaus normal, dass Fortschritte ausbleiben oder sogar Verschlechterungen eintreten. Dies liegt an den drei Stadien des prozeduralen Lernens (s. S. 46). Ihr Hund befindet sich nun im halbautomatischen Stadium. Denken Sie daran, jetzt hauptsächlich motivierend zu verstärken.

WEITERE SCHRITTE

Im nächsten Schritt lassen Sie Ihren Hund aus der Bewegung, aber noch im Nahbereich apportieren. Legen Sie dazu einige Gegenstände auf den Boden und nehmen Sie Ihren Hund an die Leine. Nun gehen Sie in willkürlicher Reihenfolge von einem zum anderen Gegenstand und lassen diese auf Kommando apportieren. Achten Sie darauf, dass Ihr Hund von Ihnen weg zum Gegenstand gehen muss und Sie nicht als Erster am Gegenstand sind. Nach dem Aufnehmen holen Sie Ihren Hund gegebenenfalls mithilfe der Leine zu sich, lassen ihn sitzen und auf Kommando ausgeben. Sie können den Gegenstand anschließend wieder auf den Boden legen. So verfahren Sie mit allen ausgelegten Gegenständen.

— Manche Hunde werden jetzt übermütig und springen regelrecht auf den Gegenstand oder schleudern ihn im Fang hin und her. Dieses Verhalten lässt sich oft durch ein deutliches Nein oder einen Leinenruck abstellen. Nähern Sie selbst sich den Gegenständen in Ruhe. Ist Ihr Hund sehr aufgeregt und unkonzentriert, stellen Sie erst wieder Leinenführigkeit her und wiederholen Sie das Apportieren nur einige Male. Auch wenn diese Form der Übermotivation so natürlich nicht bleiben soll – freuen Sie sich trotzdem ein bisschen über Ihren motivierten Apporteur.

APPORT IN RICHTUNG HUNDEFÜHRER

Klappen die vorherigen Übungen zu Ihrer Zufriedenheit, gehen Sie einen Schritt weiter. Jetzt soll der Hund auf Sie zuapportieren. Legen Sie hierfür einen Gegenstand zwischen sich und den Ihnen gegenübersitzenden Hund. Auf „Apport“ soll Ihr Hund nun den Gegenstand zu Ihnen bringen und ihn korrekt „Aus“ geben. Es bietet sich an, den Hund mit einer Schleppleine abzusichern, so können Sie sicherstellen, dass er auch bei Ihnen ankommt.

Der Hund greift auf Kommando „Apport“…

… ein hoch angebotenes Apportl …

…und sitzt vor.

Apportl aus der Tiefe greifen

Assistiertes Setzen mit Apportl

Der Hundeführer unterstützt lobend.

APPORT ALS GESAMTSEQUENZ

Bei der jetzt folgenden Steigerung setzen Sie Ihren Hund neben sich. Legen Sie den Gegenstand ein Stück entfernt auf den Boden und gehen anschließend zu Ihrem Hund zurück. Nun schicken Sie ihn mit „Voran Apport!“ zum Apportl. Je nach Hund ist auch bei dieser Übung die Schleppleine angebracht. Ihr Hund absolviert hier erstmals die gesamte Sequenz allein, vom Schicken über das Finden, Aufnehmen, Zutragen bis zum Vorsitzen und Abgeben.

Generalisieren und steigern Sie die Übung durch die Verwendung unterschiedlicher Gegenstände, die Ausführung an wechselnden Orten und auf unterschiedliche Entfernungen. Darüber hinaus können Sie auch damit beginnen, die Gegenstände zu verstecken. Vielleicht hängen Sie auch mal ein Apportl in einen Busch o. Ä. Seien Sie kreativ, das schult das Problemlöseverhalten Ihres Hundes.

BREITES APPORTLSPEKTRUM

Lassen Sie zur Absicherung des Apports Ihren Hund verschiedene Gegenstände bringen. Verwenden Sie Apportls

- aus unterschiedlichen Materialien, z. B. Holz, Stoff, Kunststoff, überzogen mit Balg oder Federn, ein Gehörn beziehungsweise Geweih etc.,
- mit unterschiedlichem Gewicht und Größe (übertreiben Sie das Gewicht beim jungen Hund aber nicht) und
- mit unterschiedlicher Füllung, z. B. Sand oder Wasser.

01 Apport in Richtung Hundeführer. Der Hund sitzt.

02 Der Hund startet auf einmaliges „Apport!“.

03 Der Hund nimmt das Apportl auf …

04 … trägt es seinem Hundeführer zu …

05 … und sitzt zur Abgabe vor.

06 Generalisieren, auch durch unterschiedliche Apportl

01

02

03

04

05

06

VERLEITUNGEN UND ABLENKUNGEN

Ihr Hund ist nun an einem Punkt, an dem er das Apportieren sicher gelernt hat. Steigern Sie die Anforderungen, indem Sie Ablenkungen, Hindernisse und Verleitungen einbauen. Werfen Sie Ihrem zurückkommenden Hund z. B. einen Ball entgegen, von dem er sich nicht ablenken lassen darf. Lassen Sie ihn durch eine Würstchengasse oder an anderen Hunden vorbei apportieren. Auch hier ist Ihrer Kreativität keine Grenze gesetzt. Achten Sie aber darauf, für den Hund leistbare Schritte zu fordern. Korrigieren Sie ihn bei Fehlverhalten rechtzeitig, gegebenenfalls mithilfe einer Schleppleine. Denken Sie daran, sobald Ablenkung ins Spiel kommt, wird es für Sie und Ihren Hund schwieriger. Es ist sinnvoll, die Ablenkung langsam zu steigern, gegebenenfalls ein paar Schritte zurückzugehen und den Schwierigkeitsgrad anzupassen. Bestehen Sie weiterhin immer auf eine korrekte Ausführung.

APPORTIEREN VON WILD

Nachdem Sie Ihrem Hund das Apportieren mit unterschiedlichen Gegenständen beigebracht haben, beginnen Sie mit dem Wildapport. Als Wild eignen sich Marder, Krähe, Taube, Ente, Fasan, Kaninchen usw. Starten Sie am besten mit Raubwild, später kommt dann das Nutzwild dazu. Dieses Vorgehen hat sich bewährt: In den wenigsten Fällen kommt es nach durchgearbeitetem Raubwildapport beim Apportieren von Nutzwild zu nennenswerten Schwierigkeiten.

Apportieren über Hindernis

Apport mit Futterablenkung

KALTES WILD

Beginnen Sie mit kaltem Wild und dem Greifen-Lassen aus der Hand. Dieser Schritt ist wichtig und sollte beim jungen Hund mit jedem unbekannten, zu apportierenden Gegenstand durchgeführt werden. Hiermit stellen Sie sicher, dass Ihr Hund den unbekannten Gegenstand in den Fang nimmt. Es ist ungünstig, wenn Sie feststellen, dass Ihr Junghund den Gegenstand verweigert und Sie sich in diesem wichtigen Moment nicht in seinem Nahbereich aufhalten, um ihn umgehend zu korrigieren.

Beim Einarbeiten vom Wild zeigt der ein oder andere Hund erstmalig oder erneut eine Tendenz zum Knautschen. Auch das Schütteln vom Wild oder der unangemessene, also zu feste oder zu lockere Griff kann Ihnen an dieser Stelle begegnen. Unterbinden Sie dies sofort. Durch Ihren klaren Aufbau sollten diese Unarten sehr schnell abzuschalten sein. Seien Sie pingelig, Ihr Hund soll Ihnen später unter anderem Nutzwild bringen, das als hochwertiges Wildbret dem Verzehr dient.

Klappt der erste Schritt des Greifens ohne Probleme, gehen Sie die einzelnen mit den Apportln durchgeführten Übungsschritte mit dem Wildapport noch einmal durch. Achten Sie genau auf ein sauberes Greifen und Tragen. Ihr Hund muss lernen, die unterschiedlichen Gewichte, Strukturen und Festigkeiten in den Fang zu nehmen und mit angepasstem Griff zu tragen. Auch das Tragen mit einer Schwinge vor den Augen und den baumelnden Kaninchenläufen an den eigenen Läufen will gelernt sein.

WARMES WILD

Nach dem erfolgreichen Einarbeiten von kaltem Wild kommt der Moment, in dem Sie mit Ihrem Junghund mit warmem und gegebenenfalls noch nicht ganz verendetem Wild arbeiten. Sei es bei der Vorbereitung auf die lebende Ente im Rahmen der Brauchbarkeitsprüfung oder bei den ersten Jagden. Gehen Sie anfangs allein oder mit nur wenigen anderen auf die Jagd und sehen Sie diese ersten Jagden als Übung für Ihren Hund an. Nehmen Sie sich also Zeit für den „Jungjäger“ an Ihrer Seite.

APPORT – MÖGLICHE SCHWIERIGKEITEN UND LÖSUNGSANSÄTZE

Hund lässt Apportl beim Hinsetzen fallen.

— Hilfestellung beim Hinsetzen durch Unterstützung mit der Hand unter dem Fang und am Körper, Halten durchsetzen

Hund knautscht aus Unruhe/Übermotivation.

— Ruhe- und Frustrationsübungen
— Direkte Korrektur, da Knautschen selbstbelohnend ist und von allein nicht aufhört

Hund beutelt das Wild,

a. weil Hund Apportl nicht mag
  — Ruhe und Halten überprüfen
  — Durchsetzen von Apport
b. weil Beutefangverhalten übersteigert
  — Zu viele beziehungsweise intensive Zerrspiele o. Ä.?

Hund greift Apportl nicht mittig.

— Anfangs Gegenstand so anbieten, dass Hund nur mittig fassen kann, später falsches Greifen korrigieren

Hund greift zögerlich zu

— Zahnprobleme ausschließen!
a. weil Hund Apportl nicht mag
  — Apport durchsetzen
b. weil Hund unkonzentriert ist
  — Trainingsaufbau und Dauer überprüfen
  — Konzentration einfordern

Hund greift Gegenstand zu fest,

a. weil er konkurrierendes Verhalten zeigt
  — „Aus“ überprüfen und festigen
b. weil es ihm an Erfahrung mangelt
  — Angepassten Griff üben

01

02

01–04 Das Ergebnis eines gut aufgebauten Apportiertrainings ist ein Hund, der in allen Situationen zuverlässig und motiviert apportiert. Egal ob Apportl, kaltes oder warmes Wild im Feld, Wald oder aus dem Wasser.

Stellen Sie sich darauf ein, dass Ihr Hund vollkommen neue Erfahrung machen wird und vielleicht nicht so reagiert, wie Sie es erwarten oder erhoffen. Je nach Naturell des Hundes kann es zu übermäßig beherztem Umgang mit der Beute kommen; umgekehrt wird der eher vorsichtige Hund bei erstmaligem Kontakt mit warmem Wild etwas verhalten reagieren.
Egal, wie Ihr Hund reagiert, seien Sie parat, um ihn zu unterstützen. Ein frisch geschossener Hase z. B. ist gar nicht so einfach zu greifen. Wenn Langohr dann auch noch klagt oder schlegelt, ist das für Ihren unerfahrenen Hund eine echte Herausforderung. Bisher hat er ja eher Tiefkühlwild kennengelernt. Ist der Apport sicher durchgearbeitet, wird Ihr Hund trotz Aufregung und (positivem) Stress auf sein Lerngedächtnis zurückgreifen können. Bleiben Sie ruhig und bestimmt wie im vorangegangenen Training. Umso klarer und zuverlässiger Sie sich verhalten, umso sicherer wird Ihr Hund arbeiten. Vergessen Sie nicht, ihn ausgiebig zu loben!

EINWEISEN

In einigen Situationen ist es ein großer Vorteil, wenn sich Ihr Hund in eine von Ihnen vorgegebene Richtung schicken lässt. Nicht immer sieht der Hund ein beschossenes Stück fallen und nicht immer steht der Wind für die Frei-Verloren-Suche günstig. In solch einem Fall spart es Zeit und Energie, wenn Sie Ihren Hund in die richtige Richtung schicken können. Das erfordert einiges an Gehorsam von Ihrem Hund. Er muss Ih-

03

04

rer Aufforderung folgen, auch wenn er Ihnen vielleicht nicht glaubt. Um Ihren Hund auch über weitere Strecken schicken zu können, bedarf es eines guten Trainingsaufbaus.

Halb blinder Apport

SICHTIGES AUSLEGEN AUF GERADER LINIE

Voraussetzung für diese Übung ist, dass Ihr Hund zuverlässig verschiedene Gegenstände apportiert. Als Erstes beginnen Sie damit, Ihren Hund in gerader Linie auf mehrere, hintereinander ausgelegte Apportln zu schicken. Anfangs darf der Hund Sie beim Auslegen aller Apportln beobachten, er weiß also, dass mehrere ausgelegt wurden. Nutzen Sie zu Beginn für diese Übung natürliche Begrenzungen wie Feldkanten oder beidseitig begrenzte Feldwege. Lassen Sie Ihren Hund nun ein Apportl nach dem anderen bringen, dabei legt er eine immer weitere Strecke zurück. Achten Sie bei jeder Übung auf sauberes Apportieren und Abgeben. Steigern Sie die Anzahl der ausgelegten Apportln und die Entfernungen Stück für Stück.

„HALB BLINDER APPORT"

Hat Ihr Hund das Schicken auf gerader Linie verstanden, gehen Sie einen Schritt weiter. Legen Sie hierfür einige Apportln, ohne das Beisein Ihres Hundes aus. Holen Sie dann Ihren Hund und setzen ihn an der Startposition ab. Legen Sie jetzt das letzte Apportl aus, während der Hund zusieht. Dieser letzte Gegenstand befindet sich somit in der geringsten Entfernung zu Ihrem Hund. Ziel ist es, dass Ihr Hund sich immer wieder schicken lässt, obwohl Sie für ihn augenscheinlich nur ein Apportl ausgelegt haben. Man spricht bei diesem Aufbau auch von „halb blindem Apport". Anfangs kann es nötig sein, dass Sie Ihren Hund ein paar Schritte begleiten.

Eine Variante ist das Auslegen-Lassen durch eine Hilfsperson. Hierbei legen Sie nur das eine sichtige Apportl selbst aus, ist der Hund mit diesem auf dem Rückweg zu Ihnen, legt die Hilfsperson ein weiteres Apportl an die gleiche oder eine etwas weiter entfernte Stelle. Dieser Aufbau bietet sich vor allem dann an, wenn Ihr Hund durch die anderen Apportln irritiert wird.

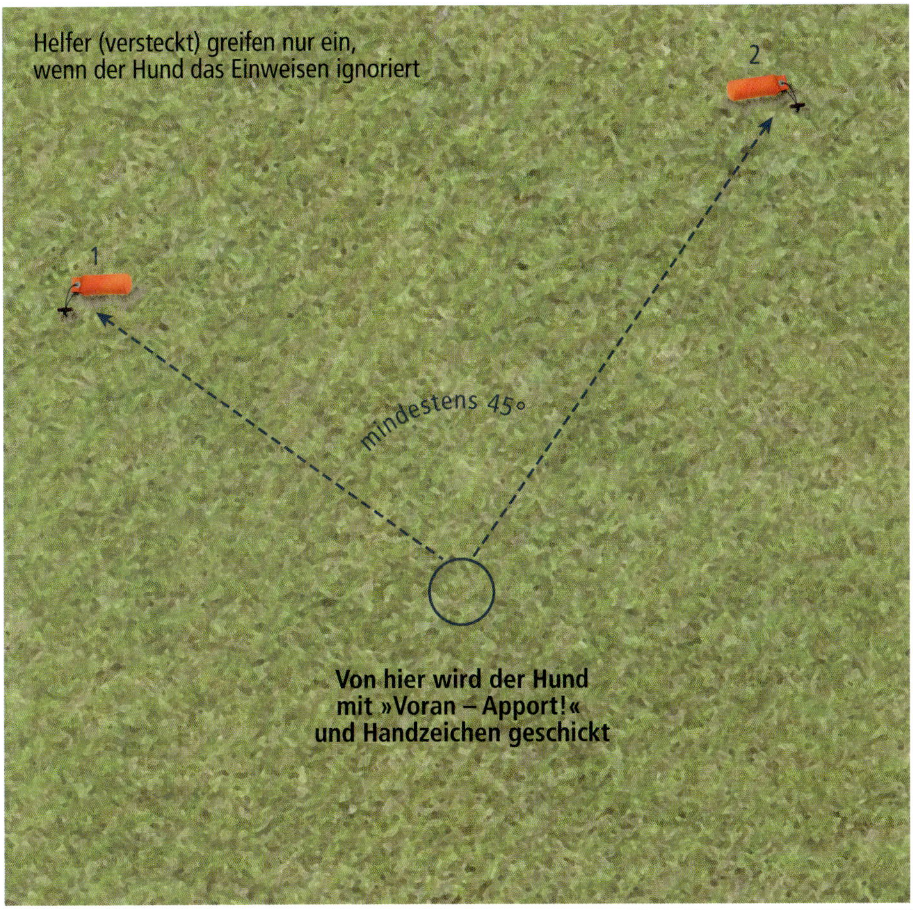

Seitliches Einweisen. Beginnen Sie die Übung mit einem großen Winkel. 45 Grad ist für fortgeschrittene Hunde. Die Helfer kommen nur bei Fehlverhalten zum Einsatz.

STEIGERUNG

Klappen diese Übungen gut, üben Sie das Voranschicken ohne Geländebegrenzungen. Anschließend schicken Sie Ihren Hund voran, ohne dass er das Auslegen gesehen hat. Dies geht z. B. problemlos auf einem Spaziergang. Lassen Sie einfach ein Apportl fallen und schicken Sie anschließend Ihren Hund zum Apportieren.

Eine weitere Steigerung des Trainings bedeutet folgende Variante mit Verleitung: Markieren Sie sich zwei Punkte, die von Ihrem Standpunkt aus mindestens 45 Grad auseinanderliegen. Nun bitten Sie eine Hilfsperson, an beide Markierungen ein Apportl auszulegen. Schicken Sie Ihren Hund nun nacheinander zu jedem Apportl. Die meisten Hunde möchten zu dem zuletzt ausgelegten Apportl laufen, Sie aber schicken den Hund absichtlich zu dem zuerst ausgelegten. Sollte Ihr Hund dennoch in die andere Richtung laufen, nimmt die Hilfsperson das Apportl hoch, damit Ihr Hund keinen Erfolg hat. Zusätzlich können Sie Ihren Hund ins Halt bringen und ihn anschließend erneut auf das gewünschte Apportl schicken. Auch diese Übung variieren Sie anschließend durch die Entfernung und durch das unterschiedliche Gelände.

KLICKER

Erinnern sie sich ans Topfschlagen in ihrer Kindheit? „Heiß! – Heiß! – Heiß!!!" Genau so können Sie mit dem Klicker zielgerichtet ein neues Verhalten des Hundes trainieren.

01

02

Im Lernprozess versucht der Hund, über „trial and error" – Versuch und Irrtum – eine Lösung zu finden. Dabei wird er für jeden Schritt in die richtige Richtung belohnt. Er lernt dabei in guter Stimmung, eine Aufgabe zu lösen, und es ist bekannt, dass sich selbst gefundene Lösungen tief im Gehirn verankern und gern wieder gezeigt werden. Durch den konditionierten „Klick" weiß der Hund, dass er richtig handelt. Eine Belohnung kann dann zeitverzögert gegeben werden. Gerade beim „Apport" kann der Klicker helfen, z. B. bei Hunden, die zu Unruhe neigen, wenn sie mit Futter belohnt werden. Zunächst muss der Klicker aber konditioniert sein …

Der „Klick" bekommt eine Bedeutung

Im Sinne der „klassischen Konditionierung" wollen wir das Klick-Geräusch positiv belegen. Dazu eignen sich sogenannte primäre Verstärker. Am einfachsten funktioniert die Konditionierung mit Futter. Der Hund wird das Klick-Geräusch mit der Futtergabe verknüpfen und somit erzeugt der „Klick" Wohlgefühl bei ihm. Damit die Kon-

01–03 Ist der Klicker konditioniert, können Sie das Aufnehmen, das Halten und das Ausgeben eines Apportls klickern.

04 Aufmerksamer Hund, der auf seinen Einsatz wartet. Werden die Hände gesenkt, darf er zeigen, was er kann.

05 Verschiedene Klicker – entscheidend ist, dass das Gerät gut in der Hand liegt.

03

04

05

ditionierung gelingt, müssen sich die Klick-Futtergaben wiederholen, und der Hund muss maximal eine Sekunde nach dem „Klick" das Leckerli erhalten. Dafür ist zunächst der Mensch verantwortlich.
Am besten holen sie Ihren Hund ganz nah heran und machen ihn aufmerksam. Nun beginnen Sie mit dem „Klick"-Futter. Nach etwa zehn Wiederholungen beenden Sie die Einheit mit einem klaren Signal wie „Fertig" und legen Futter und Klicker an einem sicheren Ort ab.
Nun braucht es nur noch Wiederholungen dieser Einheit. Dabei können Sie schon generalisieren und den Ort und/oder Ihre Position wechseln. Wiederholen Sie im Stehen, im Sitzen oder im Gehen. Wichtig ist und

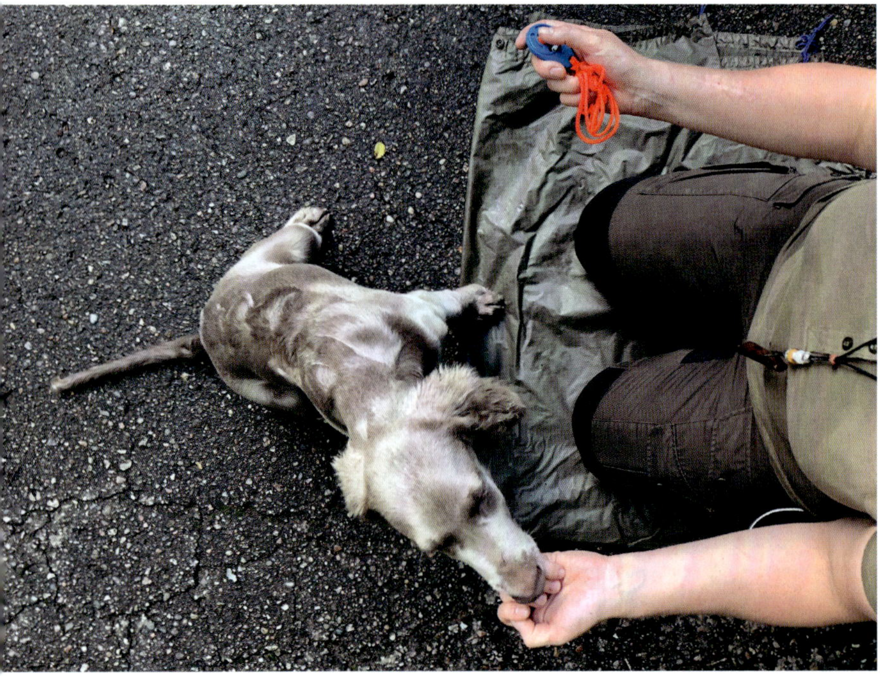

01

bleibt, dass der Hund nach jedem „Klick" eine Belohnung erhält.
Nach mehreren Wiederholungen können Sie bereits mit dem Klicker arbeiten. Die wirkliche „Konditionierung" braucht zwar noch viele Wiederholungen, aber die können wir schon nutzen.

Topfschlagen oder „operante Konditionierung"

Ihr Hund soll lernen, dass er jetzt etwas tun muss, um an den „Klick" und das Futter zu gelangen, z. B. soll er den Klicker mit der Nase anstupsen.
Dazu setzen Sie sich und holen Ihren Hund vor sich. In der einen Hand haben Sie den Klicker, in der anderen – geschlossenen – Hand haben Sie Futter. Ist der Hund aufmerksam, halten sie ihm beide Hände auf Schulterbreite hin (s. Foto S. 147 r.). Er wird vermutlich versuchen, an das Futter zu gelangen. Versuchen sie die Hand ruhig stehen zu lassen und seine Versuche auszusitzen. Jede Zuwendung zur Klicker-Hand wird von ihnen mit einem „Klick" und anschließend mit Futter verstärkt. Denken sie ans Topfschlagen: Schaut der Hund zur Klicker-Hand, verstärken Sie („Klick" und Futter). Beim nächsten Mal dreht er vielleicht schon den Kopf zur Klicker-Hand („Klick" und Futter). Vielleicht versucht er auch, mit der Pfote Ihre Hand zu manipulieren. Das sitzen Sie aber aus. Arbeiten Sie dabei in kurzen Einheiten, mit Wiederholungen. Hat Ihr Hund verstanden, was er tun soll, wird er dieses neue Verhalten gern zeigen.
Klickern sie am Anfang erst einmal eine Übung. Hat der Hund verstanden, was von ihm erwartet wird, können Sie mit einer neuen Aufgabe beginnen. Damit wird es für Sie und Ihren Hund leichter.

Die Vorteile des Klickers

Der Klicker bietet folgende vorteilhafte Möglichkeiten in der Hunde- und damit auch der Jagdhundeausbildung:

— Belohnen auf den Punkt (Knopfdruck ist schneller als Sprechen)

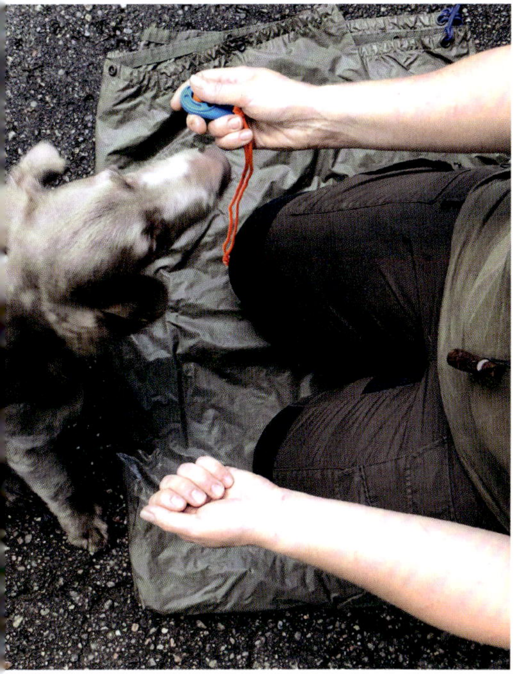

02

03

04

06

- Klick als Belohnung (Futter kann zeitverzögert gegeben werden)
- Gleichbleibende Stimmung des Klickers
- Nach Stress hebt der Klicker die Stimmung
- Belohnung auf Entfernung
- Arbeit mit Helfer möglich

01 Anstupsen des Klickers: Hund geht zum Futter – nichts passiert.

02 Der Hund agiert richtig – Nase zum Klicker: „Klick"...

03 ... und er bekommt sein Leckerli

04 Neue Übung: Der Hund zeigt direktes Interesse am Apportl, durch z. B. Bewinden, Greifen oder Ähnliches ...

06 ... und wird mit "Klick" und danach mit Futter belohnt.

SCHLEPPEN

Auch bei der Jagd auf Niederwild liegt das beschossene Stück Wild nicht immer direkt im Knall. Dann kommt unser Jagdhelfer zum Einsatz. Er muss das Stück auf der Wundspur nachsuchen. Diese Aufgabe üben wir mit dem jungen Hund mithilfe von Schleppen.

Im jagdlichen Ernstfall muss der Hund, am Anschuss angesetzt, die Spur des kranken Niederwilds ausdauernd verfolgen, bis er das Stück gefunden hat und es greifen kann. Anschließend soll es uns zuverlässig zutragen. Die Schleppenarbeit, mit der die Nachsuche auf Niederwild (außer Rehwild) trainiert wird, begegnet Ihnen auf einigen Prüfungen. Sie haben Ihrem Hund das zuverlässige Apportieren und die saubere Abgabe von Wild beigebracht. Darüber hinaus ist es kein Problem für ihn ruhig abzuliegen. Sind diese Voraussetzungen erfüllt, beginnen Sie mit der Einarbeitung der Schleppen. Auf den Prüfungen werden Nutzwildschleppen von Haar- und Federwild gefordert, hierzu werden in der Regel Kaninchen beziehungsweise Hasen und Enten verwendet. Die Fuchsschleppe begegnet Ihnen zumeist erst später. Zum Üben können Sie sich jeden Wildes bedienen, das Ihr Hund sicher und zuverlässig apportiert. Nutzen Sie hier also neben Nutzwild wie Kaninchen, Ente, Fasan auch Raubwild wie Marder, Iltis usw. Wichtig ist es, dass Sie vor der Arbeit auf der Schleppe überprüfen, ob Ihr Hund das betreffende Wild sauber nimmt.

ZWEI STÜCK WILD

Bei vielen Prüfungen besteht die Möglichkeit, Schleppen mit zwei Stück Wild herstellen zu lassen. Hierbei wird eines, wie beschrieben, am Ende der Schleppe ausgelegt. Das zweite legt der Schleppenleger/-zieher vor sich. Das Bringen von einem der beiden Stücke muss erfolgen.

IM VORFELD

Beim Herstellen der künstlichen Schleppen ist es wichtig, sich einiger Dinge bewusst zu sein und Regeln zu beachten. Wildgeruch, der Geruch des Schleppenlegers und die beim Legen (Ziehen) der Schleppe entstehende Bodenverwundung in deren Verlauf überlagern sich. Niemand kann bei den

Zuverlässiges Bringen auf der Schleppe

künstlich hergestellten Schleppen mit Gewissheit sagen, welchem Geruch der Hund anfangs nun wirklich folgt. Der Hund lernt jedoch über die Wiederholungen, dass am Ende das betreffende Wild liegt und dies zu apportieren ist.

ÜBERLAUFEN DES SCHLEPPENENDES

Auch bei perfekter Einarbeitung kommt es immer wieder vor, dass ein Hund das geschleppte und ausgelegte Stück überläuft und dann beim Schleppenleger ankommt. Es ist also wichtig, dass sich Letzterer nach dem Ablegen des Stückes in gerader Linie vom Ablageort entfernt und sich dann gut verbirgt. Er sollte sich nicht zu weit entfernen, damit der Hund durch Zurücksuchen gute Chancen hat, das Wild doch noch zu finden. Der Schleppenleger bleibt, auch wenn der Hund ihn bereits gesehen hat, so lange in seinem Versteck, bis der Hund bei seinem Hundeführer angekommen ist. Der Hund soll in diesem Ausbildungsstadium nicht durch zu früh aufstehende Schleppenleger irritiert werden. Er lernt gerade etwas Neues!

RÜCKSPUR MIT BEDACHT

Idealerweise lassen Sie sich die Schleppen von einer Hilfsperson ziehen. Sollten Sie die Schleppen aber selbst ziehen müssen, so achten Sie darauf, auf dem Rückweg genau auf der Schleppe zu bleiben. Ist der direkte Rückweg auf der Schleppe nicht möglich, weil Sie den Verlauf z. B. nicht genau sehen können, ist es wichtig, dass Sie sich nach dem Ablegen des Schleppenwilds in einem großen Bogen vom Stück entfernen und erst dann in einigem Abstand zum Schleppenverlauf zum Anschuss zurückgehen. Denken Sie auch hier an den Wind. Es ist ungünstig, wenn der Hund auf seiner zu arbeitenden Schleppe durch Ihre Rückspur beeinträchtigt wird, da diese durch den Wind zu ihm rübergetragen wird. In diesem Fall kann es durchaus mal passieren, dass Ihr Hund plötzlich neben Ihnen steht, da er das Stück überlaufen hat und Ihrem Geruch bis zum Ende gefolgt ist.

FAKTOR WIND

Im Idealfall werden Haar- und Federwildschleppen mit Nackenwind gezogen. Leichter Seitenwind ist aber auch problemlos möglich, allerdings muss man sich dann klarmachen, dass der Wind den Geruch der Schleppe seitlich versetzt: Der Hund läuft dementsprechend neben der Schleppe, aber eben im Bereich der meisten Geruchspartikel.

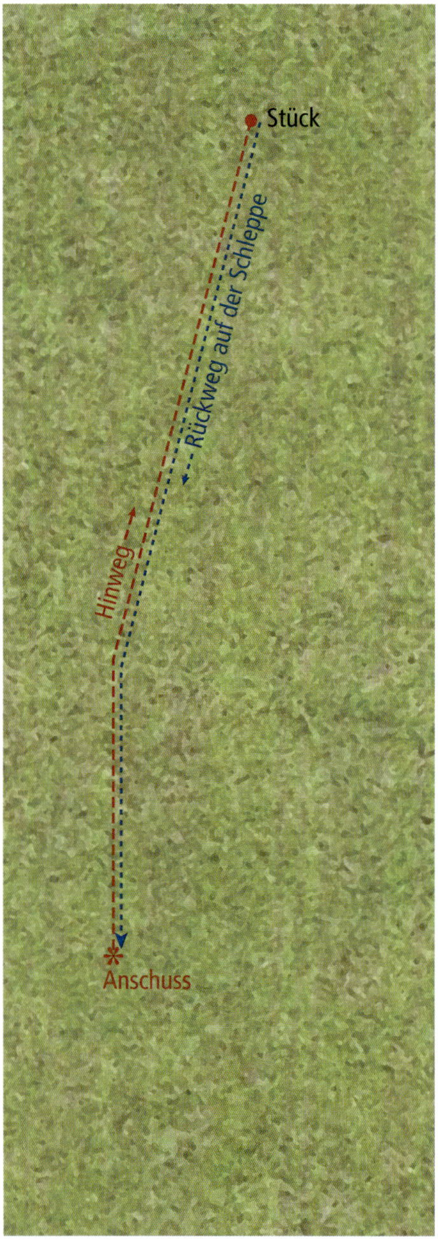

Bei selbstgezogener Schleppe kann ein direkter Rückweg auf dieser erfolgen.

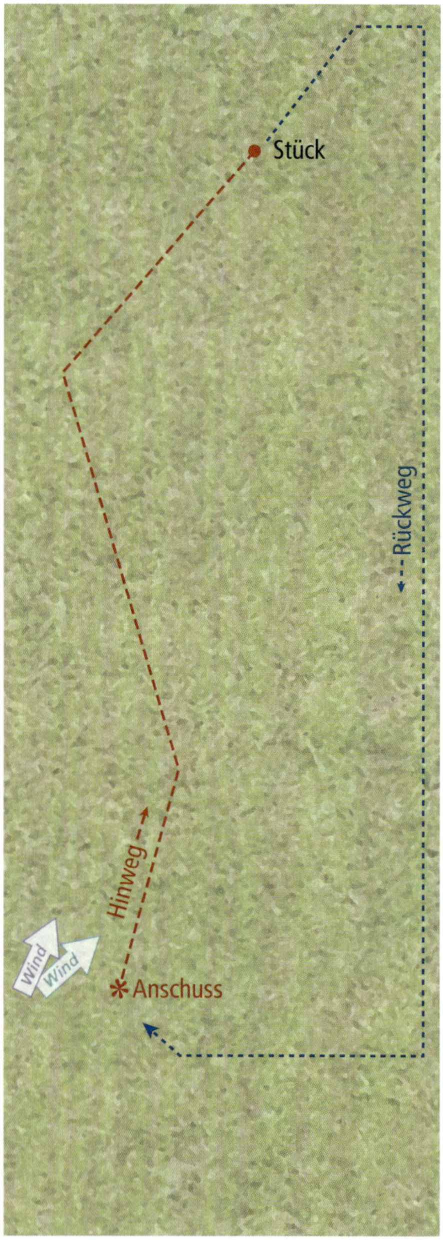

Rückweg in einem großen Bogen zum Anschuss unter Berücksichtigung des Windes.

Der Anschuss muss deutlich markiert werden und wird z. B. mit Wolle präpariert.

DER ANSCHUSS

Am Beginn der Schleppe wird ein Anschuss präpariert. Stellen Sie hierfür mit dem Fuß eine Bodenverwundung her und platzieren Sie hier zusätzlich etwas Wolle beziehungsweise Federn von dem Schleppwild. Zusätzlich wird der Anschuss mit einem Bruch markiert. Markieren Sie sich den Anschuss gut sichtbar: Sie wären nicht der Erste, der auf einer Fläche herumirrt, um die betreffende Stelle „am dritten Maulwurfshügel von links" wiederzufinden.

EINARBEITUNG AUF DER SCHLEPPE

Nachdem die Schleppe nun sorgfältig vorbereitet wurde, geht es an die Arbeit mit dem Hund. Während der Einarbeitung lassen Sie Ihren Hund die ersten Schleppen an der Feld- oder Schleppleine arbeiten, damit Sie ihn sofort korrigieren können, sollte er auf Abwege geraten oder das Stück am Ende wider Erwarten nicht aufnehmen. Es bietet sich an, den Hund, wie schon bei der Hasenspur (s. S. 115), mit einem „Ansetzband" anzusetzen.

AM SCHLEPPENBEGINN

Gehen Sie mit Ihrem Hund zum Anschuss und legen Sie ihn kurz vorher ab. Legen Sie ihm nun das Ansetzband an und sortieren Sie alles so, dass Sie im Anschluss reibungslos starten können. Nun kontrollieren Sie allein ausgiebig den Anschuss und machen Ihren Hund damit neugierig und aufmerksam. Jetzt holen Sie Ihren Hund ab, gehen gemeinsam zum Anschuss und zeigen ihm diesen. Sie können auch etwas von der präparierten Wolle beziehungsweise den Federn aus dem Anschuss mit zu dem Hund nehmen und ihn das Mitgebrachte bereits bewinden lassen. Nimmt Ihr Hund die Schleppe an, begleiten Sie ihn am Ansetzband noch ein Stück (lt. PO dürfen Sie bis zu 30 Meter mitgehen), bevor Sie ihn mit einem auffordernden „Voran Apport!" schnallen. Der richtige Zeit-

Ablegen vor dem Anschuss mit Ansetzband

Die Hundeführerin kontrolliert den Anschuss.

Der Hund untersucht den Anschuss.

Der Hund wird begleitet, bis er sicher auf der Spur ist.

punkt ist auch hier wieder erst dann gekommen, wenn der Hund sich an der Schleppe „festgesaugt" hat. Dies kennen Sie bereits von der Hasenspur. Um das Ansetzritual von Anfang an zu üben, ist es sinnvoll, auch beim Einsatz der Schleppleine zusätzlich das Ansetzband zu benutzen.

AUF DER SCHLEPPE UND AM ENDE

Ihr Hund soll die Schleppe in starker Anlehnung arbeiten, lassen Sie ihn also nicht zu sehr abkommen und vor allem keine freie Suche machen. Dies korrigieren Sie mit der Schleppleine. Meistens genügt es, wenn Sie selbst „spurtreu" bleiben und den Hund ausschließlich weiterlaufen lassen, wenn er ebenfalls auf der Spur ist. Beachten Sie hier unbedingt den Wind! Nicht, dass Sie Ihren Hund zwingen, auf der vermeintlich richtigen Spur zu bleiben, die der Wind aber seitlich versetzt hat. Anfangs ähnelt die Schleppe eher einer Riemenarbeit. Die Geschwindigkeit, mit der Ihr Hund die Arbeit absolviert, stellt sich anschließend von allein ein. Es ist an dieser Stelle wichtiger, auf ein sauberes Arbeiten der Schleppe zu bestehen.
Beim Stück angekommen, muss der Hund dies ohne ein weiteres Kommando aufnehmen. Tut er das nicht, korrigieren Sie ihn sofort. Laufen Sie nun mit Ihrem Hund zum Anschuss zurück und lassen sich erst dort das Stück geben.

Hat sich der Hund gut auf der Spur „festgesaugt", wird er mit einmaligem Kommando „Voran Apport" geschnallt.

Der Hund nimmt das Stück am Ende der Schleppe auf.

Direkter Rückweg zum Anschuss

WICHTIG FÜR DIE SCHLEPPENARBEIT

— Schleppwild muss vollständig aufgetaut, sauber und frisch sein.
— Möglichst mit Nackenwind arbeiten; Seitenwind ist möglich, sollte aber in der Beurteilung der Spurtreue beachtet werden; Gegenwind vermeiden.
— Anschuss muss deutlich sichtbar sein (Bruch); mit dem Fuß eine Bodenverwundung herstellen und dort etwas Wolle beziehungsweise Federn deponieren.
— Das Wild muss beim Schleppen den Boden berühren. Der Schleppenleger läuft möglichst auf der gleichen Linie, auf der er das Stück schleppt (nicht seitlich o. Ä.).
— Am Schleppenende wird die Schleppschnur vom Stück entfernt!
— Der Schleppenleger entfernt sich in gerader Linie vom Stück und verbirgt sich so, dass der Hund ihn nicht eräugen kann; er verlässt sein Versteck erst, wenn der Hund wieder bei seinem Hundeführer angekommen ist.
— Der Schleppenleger darf den Hund nicht stören: keinerlei Ansprache wie „Apport", Lob o. Ä. Eine Hilfsperson darf nur nach genauer Absprache bei Fehlverhalten einwirken.
— Funkgeräte für Hundeführer und Schleppenleger sind v. a. in unübersehbarem Gelände sinnvoll.

ETABLIEREN DER SCHLEPPEN-ARBEIT

Arbeiten Sie im weiteren Verlauf die Schleppen auf unterschiedlichen Flächen und mit unterschiedlichen Wildarten. Sie können auch kleine Verleitungen in die Schleppspur einbauen. Ziehen Sie hierfür z. B. eine kurze Schleppe mit einer anderen Wildart quer über den Schleppenverlauf, den der Hund arbeiten soll.

Haben Sie diese Arbeit generalisiert und Ihr Hund arbeitet sicher und zuverlässig, gehen Sie zu Schleppen ohne Schleppleine über. Anfangs ist die Länge der Schleppe nicht so entscheidend, wichtig ist aber die korrekte Ausführung.

KEINE „STANDARDSCHLEPPEN"

Üben Sie mit Ihrem Hund nach erfolgreicher Einarbeitung die unterschiedlichsten

Der Hund wird auf den Anschuss fokussiert.

Er bewindet den Anschuss.

Der Hund wird zur Schleppenarbeit geschnallt, …

… trägt das Kaninchen zu …

Schleppenverläufe. Diese können im Zickzack oder als Hufeisen, über Geländewechsel, Knicks und Gräben verlaufen. Die Prüfungsschleppen stellen für ihn dann keine große Herausforderung mehr dar und auch auf seine ersten jagdlichen Einsätze ist er gut vorbereitet.
Hunde, die immer „Standardschleppen" laufen, gewöhnen sich irgendwann gern an, einfach nur geradeaus zu laufen und am Ende eine Verlorensuche zu machen: Sie haben gelernt, dass nach einer gewissen Strecke das Stück liegt.

Hochmotivierter Hund am Ansetzband

... und gibt es auf Kommando „Aus!" ab.

PRÜFUNGSSCHLEPPEN

Zur Orientierung seien hier beispielhaft die Anforderungen an die Schleppenarbeit auf der Verbands-Herbstzuchtprüfung (HZP) wiedergegeben:
Die Länge der Haarwildschleppe beträgt 300 Meter, die der Federwildschleppe 200 Meter. Jeweils werden zwei stumpfwink-

SCHLEPPENARBEIT – MÖGLICHE SCHWIERIGKEITEN UND LÖSUNGSANSÄTZE

Hund überläuft das Stück ...

a. weil er es ignoriert
   — Apport durchsetzen, ggf. mit Hilfsperson
b. weil er zu schnell beziehungsweise unkonzentriert ist
   — Über Schleppleine gewissenhaftes Ausarbeiten der Schleppe herstellen

Hund hält die Spur nicht.

— Über Schleppleine gewissenhaftes Ausarbeiten der Schleppe herstellen
— Gegebenheiten, wie z. B. frisch gegüllte Flächen, überprüfen
— Apport überprüfen

Hund spielt mit dem Stück.

— Apport nacharbeiten!

Hund bringt nicht.

— Absichern durch Schleppleine
— Apport nacharbeiten

Hund will Stück nicht hergeben.

— „Aus" nacharbeiten

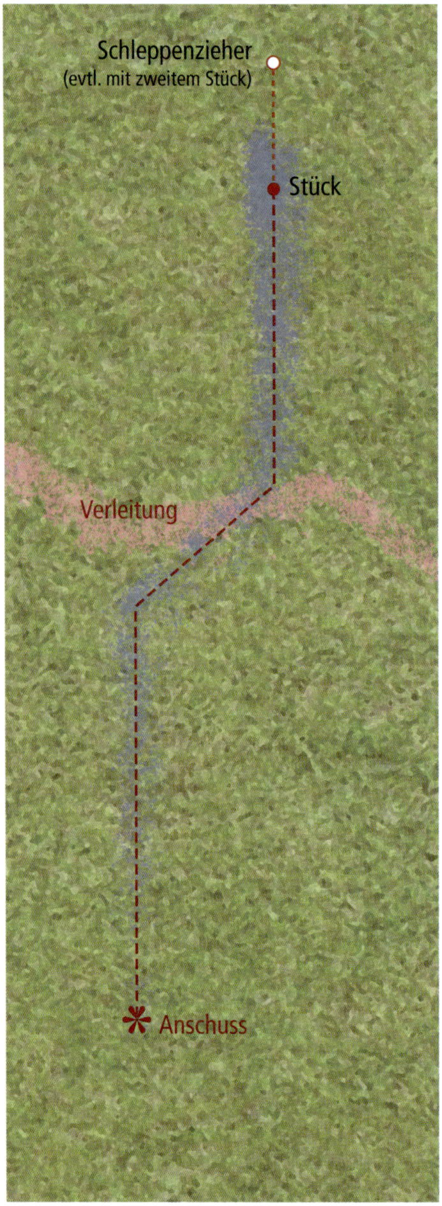

Gesteigerte Anforderungen: Über die gezogene Schleppe ist bewusst eine Verleitung gelegt.

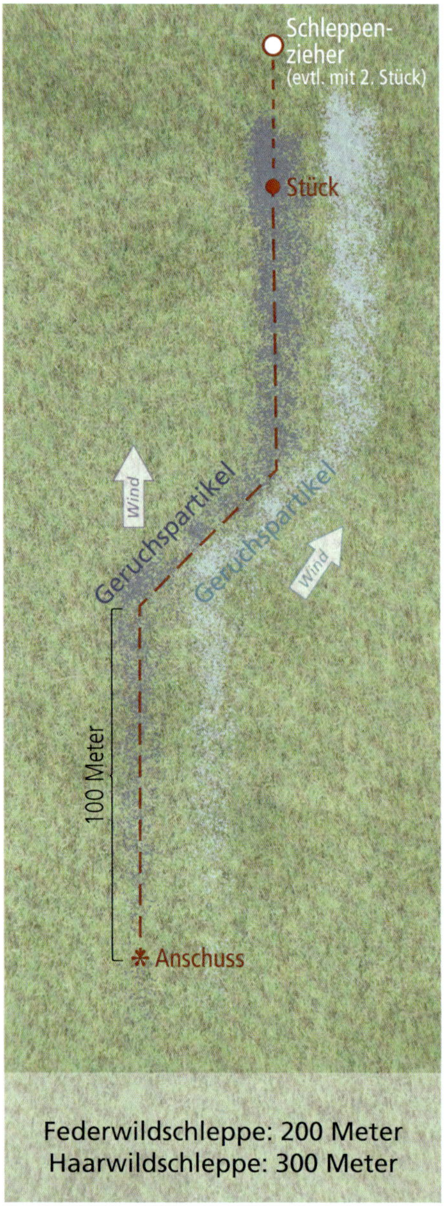

HZP-konforme Schleppe. Je nach Wind kann die Geruchsspur versetzt sein.

lige (keine 90 Grad!) Haken eingelegt. Nach den ersten ca. 100 Metern wird der erste Haken gelaufen, nach einigen Schritten folgt der nächste Haken in die andere Richtung, sodass der Schleppenleger wieder in die ursprüngliche Richtung läuft. Das Stück wird am Ende ausgelegt.

Es ist möglich, Schleppen mit einem oder zwei Stück Wild zu arbeiten, wie das auch viele Prüfungsordnungen erlauben. Bei der Verwendung zweier Stücke legt der Schleppenleger eines ans Ende des Schleppenverlaufs und deponiert das zweite vor sich selbst auf dem Boden.

WASSERARBEIT

In Deutschland verlangt das Gesetz bei der Wasserwildjagd den Einsatz „brauchbarer" Jagdhunde. Geeignete Hunde müssen schussfest am Wasser sein, ausdauernd suchen und sicher aus dem Wasser apportieren. Störungsfreies Jagen verlangt auch Standruhe.

Die erste Gewöhnung ans Wasser haben Sie mit Ihrem Welpen beziehungsweise Junghund absolviert und er nimmt das Wasser gern an. Ihr Hund apportiert an Land zuverlässig sowohl Apportln als auch Wild.

WASSERARBEIT OHNE SCHUSS

ANNEHMEN DES WASSERS UND ABGABE

Suchen Sie zu Beginn ein Gewässer mit einem seichten Einstieg aus. Ihr Hund soll jetzt lernen, das Wasser zügig anzunehmen, das Apportl zu greifen und korrekt abzugeben. Mit Wild arbeiten wir erst etwas später. Arbeiten Sie am Anfang mit einer geringen Entfernung, legen Sie den Fokus vorerst auf den Ablauf.

Stellen Sie sich dicht an die Uferkante und lassen Sie Ihren Hund neben sich sitzen. Werfen Sie das Apportl so weit ins Wasser, dass Ihr Hund schwimmen muss, um es zu erreichen. Nun fordern Sie ihn zum Apport auf. Achten Sie von Anfang an darauf, dass er nicht zu rändern beginnt, sondern den direkten Weg ins Wasser nimmt. Hierzu begrenzen Sie ihn beim kleinsten Versuch entweder körperlich oder mit einer schwimmfähigen Schleppleine. Manchmal hilft es auch, einfach zwei Schritte vorwärts mit ins Wasser zu gehen.

Schwimmt Ihr Hund Richtung Apportl, dürfen Sie ihn loben. Tun Sie das vor allem, wenn er das Apportl gegriffen hat. Beim Aussteigen aus dem Wasser gehen Sie ein kleines Stück rückwärts, um den Hund zu animieren, aus dem Wasser direkt zu Ihnen zu kommen. Ist er an Land angekommen, gehen Sie leicht auf ihn zu, um ihn zu stoppen und ins Sitz zu bringen. Nehmen Sie ihm jetzt das Apportl mit „Aus" ab.

Auch das Wiedereinsteigen ins Wasser mit Ente muss geübt werden.

Standruhe muss trainiert werden. Ruhiges Warten beim Wurf der Ente.

Unabhängig vom Schwierigkeitsgrad des Einstiegs muss der Hund beim Voranschicken das Wasser annehmen.

Von Bedeutung ist auch das Gefälle des Ausstiegs, achten Sie darauf! Ist der Uferbereich zu steil, kann es für den Hund schwierig sein, sich hinzusetzen. Drehen Sie sich dann etwas seitlich, um Ihrem Hund das Vorsitzen zu erleichtern.

BEI SCHÜTTELN UND AUSSPUCKEN

Grundsätzlich kennt Ihr Hund den Ablauf der Abgabe sehr genau. Die Schwierigkeit ist für viele Hunde am Wasser aber das Warten, bis sie sich schütteln dürfen. Einige beginnen damit schon im Wasser, sobald sie festen Grund unter den Läufen haben. Dabei spucken manche das Apportl bereits aus. Andere warten mit beidem, bis sie ganz an Land sind.

IMMER OHNE HALSUNG

Lassen Sie Ihren Hund grundsätzlich keinerlei Halsung im Wasser tragen! Die Gefahr, dass er sich damit in Ästen oder anderem Bewuchs festhängt, ist zu groß.

Es ist wichtig, dies gleich zu Beginn zu unterbinden und dem Hund zu vermitteln, welches Verhalten gewünscht wird. Nutzen Sie auch hier die Schleppleine, indem Sie diese auf dem Rückweg Ihres Hundes die gesamte Zeit unter Spannung halten. Begleiten Sie den Hund mit dieser Spannung bis ins Sitz. Er hat auf diese Weise gar nicht die Möglichkeit, stehen zu bleiben und sich zu schütteln, sondern wird zum Weiterlaufen und Hinsetzen gebracht. Vergessen Sie das anschließende Loben nicht. Hat Ihr Hund diesen Ablauf verinnerlicht, üben Sie dies auch ohne Schleppleine. Meist reicht nun eine verbale Korrektur.

MIT ENTE UND ERSTES „VORAN APPORT!"

Klappt der vorstehend geschilderte Ablauf gut, gehen Sie zur Verwendung der Ente über. Haben Sie auch mit diesem Wild das Annehmen des Wassers, das Bringen und die korrekte Abgabe gefestigt, beginnen Sie mit dem ersten Voranschicken. Wählen Sie hierzu eine kleine, überschaubare Wasserfläche,

Das Voranschicken muss durchgesetzt werden. Eventuelles Rändern ist in den ersten Ansätzen zu unterbinden.

Das direkte Zurückkommen kann mit einer geeigneten Leine unterstützt werden.

die für Ihren Hund keine große Hürde darstellt. Idealerweise befindet sich etwas Schilf beziehungsweise Bewuchs an der gegenüberliegenden Seite. Ihr Hund soll nun lernen, auf Kommando eine Wasserfläche zu überqueren und die dort ausgelegte Ente zu apportieren. Eine Hilfsperson stellt sich auf die gegenüberliegende Seite und wirft die Ente sichtig für den Hund ins Wasser. Am besten ist sie gerade eben im Bewuchs verschwunden. Fordern Sie jetzt Ihren Hund mit „Voran Apport!" zum Bringen der Ente auf. Zeigen Sie dabei deutlich in die gewünschte Richtung.

Schwimmt Ihr Hund in die gewünschte Richtung, benennen Sie diese Handlung wiederholt mit „Rüber" oder „Weiter". Später können Sie Ihren Hund mit diesem, durch Verknüpfung von Handlung und Wort konditionierten „Kommando" unterstützen.

Diese erste Übung dürfte keine große Schwierigkeit darstellen. Im zweiten Schritt lassen Sie Ihren Hund das Werfen lediglich hören, aber nicht mehr sehen. Fordern Sie ihn wieder durch Ihr Kommando und das Zeigen zum Apportieren auf. Hat Ihr Hund diese Übung verstanden, steigern Sie den Schwierigkeitsgrad durch unterschiedliche Entfernungen und Gegebenheiten.

SCHWIMMER ODER LANDGÄNGER

Idealerweise kommt Ihr Hund auf direktem Weg durchs Wasser zu Ihnen zurück. Einige Hunde steigen jedoch auch am näher gelegenen Ufer aus und nehmen, wenn möglich, den Weg über Land zurück. Bei Letzterem kann es recht schnell zu Fehlern kommen: Der Hund legt das Wild ab und schüttelt sich; er wird durch anderes Wild abgelenkt usw.

Versuchen Sie daher, Ihren Hund von Anfang an zu animieren, auf direktem Weg zu Ihnen zurückzukommen. Seien Sie hier aber nicht zu verbissen, manche Hunde wollen einfach nur so schnell wie möglich zu Ihrem Hundeführer zurückkehren und haben gar keinen Blödsinn im Kopf. Laufen geht Ihrer Meinung nach eben doch schneller als Schwimmen.

Ansetzen mithilfe des Ansetzbandes ist auch am Wasser möglich.

Der Hund hat das Wasser direkt in der gewünschten Richtung angenommen.

Der Hund ist mit dem Apportl auf dem direkten Rückweg.

Zügiges Zutragen trotz bewachsenen und steilen Ausstiegs

Motiviertes und freudiges Bringen aus dem Wasser ist auch ohne Schütteln möglich.

Geduldiges Vorsitzen, bis die Beute abgenommen wird

Im Jagdbetrieb ist das saubere Apportieren unerlässlich. Dies zeigt sich im sicheren und angepassten Griff bis zur Abgabe in die Hand des Hundeführers.

Es mag banal klingen: Üben Sie das Wiedereinsteigen ins Wasser mit Ente im Fang. Und dies auch an schwierigen Uferkanten. Manchen Hunden fällt es anfangs schwer, weil ihr Blickfeld durch die Ente gestört ist.

VERLORENSUCHE IM WASSER

Nachdem Ihr Hund erste Erfahrung am Wasser, inklusive des ersten Voranschickens, sammeln konnte, beginnen Sie mit der freien Verlorensuche. Hierbei soll Ihr Hund, nachdem Sie ihn geschickt haben, die ausgelegte Ente ausdauernd suchen, selbstständig finden und bringen.

Nutzen Sie zu diesem Zweck ein Gewässer mit ausreichend Schilf. Bitten Sie eine Hilfsperson, die Ente im Schilf zu platzieren.
Zu Beginn sollte die Entfernung auch hier nicht zu groß sein. Darüber hinaus ist es gut, wenn der Hund die Ente in diesem Stadium der Ausbildung recht schnell nach dem Annehmen des Schilfs finden kann, die Ente also nicht zu tief im dichten Schilfgürtel zu liegen kommt.
Lassen Sie Ihren Hund das Auslegen nicht beobachten. Anfangs ist es aber gut, wenn er das Aufklatschen der Ente auf der Wasseroberfläche hört.

GEHORSAMSMANGEL

Mitunter ist schlichtweg mangelnder Gehorsam die Ursache dafür, dass ein Hund das Wasser nicht durchschwimmen will. In diesem Fall müssen Sie dem Hund verdeutlichen, dass er seinen Job zu erledigen hat. Es gibt Hunde, die sich im Wasser in Sicherheit wiegen, da sie nicht damit rechnen, dass Ihr Hundeführer plötzlich neben ihnen steht und sein Interesse durchsetzt. So einen Hund sollten Sie dementsprechend überraschen.

Setzen Sie Ihren Hund nun direkt an der Uferkante an. Weisen Sie ihm die Richtung und schicken Sie ihn mit einem animierenden „Such voran Apport" los. Achten Sie auch jetzt auf das zügige Annehmen des Wassers. Unterstützen Sie den Hund verbal durch „Weiter", bis er merklich Wind von der Ente bekommen hat.

Nimmt er die Ente auf, dürfen Sie ihn gern loben. Durch die direkte Ansprache wird er sich höchstwahrscheinlich umgehend auf den direkten Weg zu Ihnen machen. Nach der korrekten Abgabe loben Sie Ihren Hund ausgiebig.

Im weiteren Verlauf steigern Sie wie gewohnt die Anforderungen. Es ist wichtig, dass Ihr Hund unterschiedliche Gewässer und damit verbunden unterschiedliche Einstiege, Bewuchsarten und Verleitungen kennenlernt. Seerosen, matschige Einstiege, steile Einstiege, herunterhängende Weiden usw. können Ihren Hund vor ihm bislang unbekannte Herausforderungen stellen, bei denen er sich erst überwinden muss.

Auch das Durchqueren von Seerosen gehört zum späteren Arbeitsfeld.

Enten drücken sich gern im dichten Schilf. Der erfahrene Hund weiß das.

STEINWURF – FLUCH ODER SEGEN?

Nicht immer ist es für Ihren Hund einfach, die geforderte Entfernung schwimmend zurückzulegen, auch wenn Sie die Anforderungen langsam gesteigert haben. Plötzlich verliert Ihr Hund den Mut und es bahnt sich an, dass er abdreht und zu Ihnen zurückkommt. Wie können Sie ihn jetzt am sinnvollsten unterstützen und damit am Erfolg lernen lassen?

Vorteile

Neben der Möglichkeit, den Hund schwimmend oder watend zu begleiten, bietet es sich an, die Aufmerksamkeit des Hundes wieder in Richtung der Ente zu lenken und ihn so zum Weiterarbeiten zu animieren. Braucht Ihr Hund also eine Unterstützung, um die Wasserfläche zu überqueren, ist es sehr hilfreich, wenn er in der Nähe der Ente ein Knacken oder Rascheln vernehmen kann. Bitten Sie hierfür am besten Ihre Hilfsperson, im passenden Moment einen Stein in die direkte Nähe der Ente zu werfen oder mit den Schilfhalmen zu wackeln. Am besten verständigen Sie sich hierzu über Funkgeräte. Der richtige Moment ist natürlich idealerweise dann, wenn Ihr Hund Richtung Ente schaut.
Haben Sie die Aufmerksamkeit Ihres Hundes wieder in die gewünschte Richtung gelenkt, muntern Sie ihn z. B. durch „Weiter“ auf, seine Arbeit fortzusetzen. Eventuell wiederholen Sie die Hilfe, bis Ihr Hund schließlich Wind von der Ente hat. Versuchen Sie aber, mit dieser Hilfestellung so sparsam wie möglich umzugehen. Ihr Hund soll lernen, ausdauernd zu suchen, auch ohne einen weiteren Reiz. Dies lernt man jedoch am besten über den Erfolg.

Nachteile

Häufig werden die Steine direkt durch den Hundeführer geworfen. Je nach Talent des Werfers landen diese mehr oder weniger in Richtung der Ente. Meist schlagen sie jedoch auf der Wasseroberfläche auf und bieten dort lediglich einen Sichtreiz für den Hund. Je nach Hund genügt dieser Reiz, um zum Erfolg zu kommen.
Einige Hunde werden jedoch nur bis zu dem Punkt im Wasser schwimmen, an dem der Stein aufgeschlagen ist, in der Hoffnung, dort den gewünschten Erfolg zu haben. Andere werden auch nur kurz hinschauen, ohne einen nennenswerten Versuch zu unternehmen, die Arbeit fortzusetzen. Neben diesen nicht zielführenden Reaktionen hat das Werfen durch den Hundeführer einen großen Nachteil. Der Hund hat es in der Regel schnell heraus, dass sein Mensch die Steine wirft, und dreht sich daher bei Unsicherheit zu ihm um. Im ungünstigsten Fall führt das dazu, dass der Hund unselbstständiger wird, weil er das Steinewerfen regelrecht erwartet.

DIE SACHE MIT DEM WIND

Grundsätzlich ist es von Vorteil, den Hund so anzusetzen, dass er möglichst mit Gegenwind arbeiten kann. Häufig ist der Verlauf des Windes an Gewässern aber nur sehr schwer einzuschätzen und vorauszusehen. An Uferkanten und am Bewuchs küselt der Wind oft sehr stark. Ihr Hund muss also letzten Endes lernen, selbst in den Wind zu suchen.

WASSERARBEIT MIT SCHUSS

SCHUSSFESTIGKEIT WASSER

Ihr Hund ist im Feld absolut schussfest. Sowohl im Freilauf, als auch wenn in der Statik direkt neben ihm geschossen wird. Zusätzlich apportiert er sicher aus dem Wasser. Ihr Hund soll nun lernen, den Schuss am und auf das Wasser zu tolerieren, während er schwimmt.

Dieser Moment ist für die ersten Schüsse am Wasser passend, da der Hund direkt die Ente greifen kann.

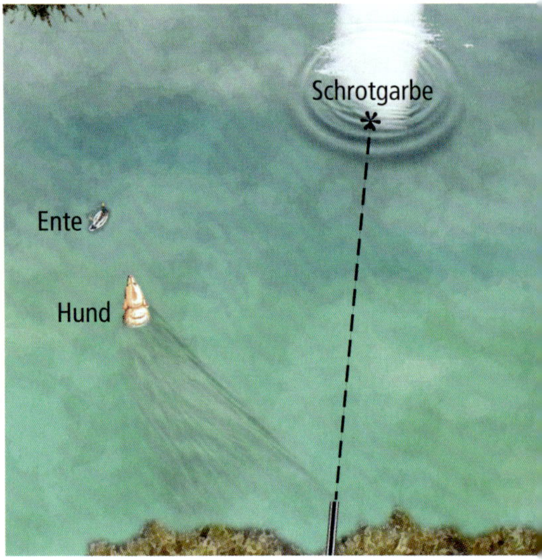

Schematische Ansicht „Schuss aufs Wasser" während der Einarbeitung

TESTSCHÜSSE UM JEDEN PREIS!

Vor Beginn der Arbeit mit dem Hund müssen Sie jedoch unbedingt wissen, wie sich eine Schrotgarbe verhält – gerade die an Gewässern vorgeschriebenen Stahlschrote sind auf dem Wasser unberechenbar. Schießen Sie ohne das Beisein Ihres Hundes einige Male mit der von Ihnen verwendeten Munition auf ein Gewässer und verinnerlichen Sie sich die Streuung der Schrotgarbe. Ein abprallendes Schrot, das den Hund, von Ihnen vielleicht unbemerkt, bei seinen ersten Erfahrungen mit dem Schuss am Wasser trifft, kann weitreichende Folgen für die Schussfestigkeit am Wasser haben!

ERSTE SCHÜSSE AM WASSER

Gehen Sie an ein bekanntes Gewässer und lassen Sie Ihren Hund einige Male die sichtig geworfene Ente bringen. Nun bitten Sie eine Hilfsperson, in einigem Abstand in die Luft zu schießen. Der richtige Moment für die erste Schussabgabe muss gut gewählt sein. Idealerweise ist der Hund kurz vor dem Erreichen und Greifen der Ente, wenn der Schuss fällt. Dieser Moment hat den Vorteil, dass der Hund eine klare Aufgabe vor Augen hat. Selbst wenn er erschrickt oder kurz irritiert ist, wird er seinen Job nicht vergessen und hat somit gleich eine Lösung parat. Zeigt Ihr Hund sich unbeeindruckt durch den Schuss, lassen Sie die Hilfsperson dichter herankommen.

Wiederholen Sie den Ablauf, bis Sie selbst dann schießen. Übertreiben Sie die Wiederholungen an einem Tag nicht. Denken Sie auch hier wieder an das eventuelle Nachwirken und überprüfen Sie die Reaktion an einem anderen Tag erneut.

ERSTE SCHÜSSE AUFS WASSER

Ist das Schießen am Wasser für Ihren Hund kein Problem, beginnen Sie mit dem Schuss aufs Wasser.

Hierzu wählen Sie den Moment der Schussabgabe wieder wie oben beschrieben, kurz bevor der Hund greift. Statt in die Luft zu schießen, geben Sie nun den Schuss auf das Wasser ab. Achten Sie darauf, dass die Schrotgarbe weit genug von Ihrem Hund entfernt ist. Schießen Sie hierzu in Richtung gegenüberliegendes Ufer, also in weitere Entfernung, als sich die Ente zu Ihnen und dem Hund befindet.

Hat Ihr Hund auch diesen Schritt erfolgreich gemeistert, können Sie Ihren Schuss auch zu einem früheren Moment abgeben. Die Ente muss nun nicht mehr in direkt greifbarer Nähe sein.
Der abgegebene Schuss kann Ihren Hund anfänglich dazu verleiten, in Richtung der Schrotgarbe abzudrehen. Korrigieren Sie dieses Verhalten, wenn es sich nicht schnell von allein erledigt. Der Hund hat meistens nach wenigen Wiederholungen verstanden, dass dort keine Beute zu holen ist. Üben Sie zusätzlich das Apportieren mit absichtlichen Verleitungen (s. u.). Ihr Hund darf seinen Auftrag nicht vergessen. Eine einmal aufgenommene Ente muss gebracht werden.

VERLEITUNGEN UND ABLENKUNGEN

Auch am Wasser warten Verleitungen. So kann es durchaus passieren, dass Ihr Hund gerade mit der toten Ente im Fang auf dem Rückweg ist und plötzlich eine gesunde Ente rausstöbert. Diese soll er nicht verfolgen, er muss seinen Job unbeirrt ausführen und Ihnen die Ente bringen.
Bis Ihr Hund im absoluten Wildgehorsam steht, bedarf es noch einiger Vorarbeit. Beginnen Sie mit gestellten und leistbaren Verleitungen. Ist Ihr Hund z. B. mit der Ente im Fang auf dem Weg zu Ihnen, werfen Sie ihm sichtig einen Ball oder auch eine andere tote Ente entgegen.
In diesem Stadium der Ausbildung sollten Sie so weit sein, dass Ihr Hund auf verbale Korrekturen gut reagiert. Reichen diese nicht aus, nehmen Sie sich auch hier z. B. die Schleppleine zu Hilfe. Wie bereits bei anderen Übungen können Sie damit Ihren Hund direkt absichern und auf ihn einwirken. Alternativ können Sie die Leine aber auch an der Verleitung befestigen. Das gibt Ihnen die Möglichkeit, die Verleitung unerreichbar für den Hund zu machen. Sollte er in Versuchung kommen und in Richtung Verleitung abdrehen, holen Sie diese mithilfe der Leine schnell ein. Zusätzlich unterbinden Sie den Versuch des Hundes verbal. Die Wahl der Korrektur hängt wieder stark von Ihrem Hund ab.

WASSERARBEIT – MÖGLICHE SCHWIERIGKEITEN UND LÖSUNGSANSÄTZE

Hund nimmt das Wasser nicht an,

a. weil er im Apport nicht durgearbeitet ist
   — Apport überprüfen und durchsetzen
b. weil er Probleme mit Wasser generell oder mit diesem Gewässer hat
   — Wassergewöhnung überprüfen bzw.
   — unterschiedliche Einstiege üben
c. weil er den Schussknall erwartet
   — Schussfestigkeit überprüfen

Hund dreht vor der Ente ab,

a. weil er den Schussknall erwartet
   — Schussfestigkeit überprüfen
b. weil er im Apport nicht durchgearbeitet ist
   — Apport überprüfen und durchsetzen

Mangelhafte Abgabe (Ausspucken, Schütteln, Nichthinsetzen)

— Abgabe separat überprüfen

Hund sichert die Beute (bringt nicht).

— Apport überprüfen und durchsetzen
— Rückruf überprüfen
— „Aus" überprüfen

Hund geht nicht weit genug, da er nichts zu finden glaubt.

— Distanzen langsam steigern, am Erfolg lernen lassen

Hund dreht bei Schuss ab,

a. weil er den Schuss falsch verknüpft
   — Schussfestigkeit überprüfen
b. weil ihn ein anderer Sichtreiz ablenkt
   — Korrektur bei Verleitungen und Ablenkungen überprüfen

ERSTE ENTENJAGDEN

Nachdem Ihr Hund nun einiges an Erfahrung mit der Wasserarbeit gesammelt hat und die ihm gestellten Aufgaben zuverlässig erfüllt, können die ersten Jagden folgen. Stellen Sie hierzu sicher, dass ein ausgebildeter Jagdhund Sie begleitet. Dieser kann Ihrem noch unerfahrenen Hund eventuell Hilfestellung bieten. Darüber hinaus muss aber bei jeder Jagd sichergestellt sein, dass die bejagten Enten auch zuverlässig zur Strecke kommen.

Wie schon angesprochen, ist das Bringen von frischem, gegebenenfalls noch nicht verendetem Wild eine neue Herausforderung für den jungen Hund. Schwimmend eine noch flatternde Ente direkt auf Augenhöhe zu greifen, lässt den einen vielleicht zu übermütig und den anderen zu verhalten reagieren. Beides ist beim ersten Versuch kein Drama, muss aber kritisch im Auge behalten und im Wiederholungsfall schnellstmöglich bearbeitet werden.

AUF DEM ENTENSTRICH

Die ersten Erfahrungen auf der Jagd sind für Ihren jungen Hund sehr einprägend. Bemühen Sie sich um gute und vor allem leistbare Rahmenbedingungen für Ihren Hund. Von Vorteil ist es z. B., wenn Ihr Hund das Gewässer bereits kennt. Anfangs ist es sinnvoll, den Hund direkt nach dem Schuss auf die beschossene Ente zu schicken. Setzen Sie ihn hierzu am Ufer an, zeigen Sie ihm die Richtung und schicken ihn dann mit „Voran Apport!" ins Wasser. Unterstützen Sie ihn bei Bedarf mit „Weiter!". Auch ein aufmunterndes „Apport!" – sollte Ihr Jungjäger beim Greifen kurz zögern – ist hier angebracht. Loben Sie ihn, wenn er seinen Job gut macht.

Bleiben Sie auch jetzt, trotz eventueller Aufregung, ruhig und zuverlässig. Denken Sie daran: Den Ablauf haben Sie im Vorfeld viele Male geübt. Natürlich ist das Verhalten der Ente nicht vorhersehbar, aber der Job ist Ihrem Hund klar.

Ist die beschossene Ente ins Schilf verschwunden, lassen Sie Ihren Hund suchen. Unterstützen Sie ihn auch hier bei Bedarf. Trifft er auf die Schwimmspur, wird er diese verfolgen. Je nach Möglichkeit wird er die gefundene Ente im Schilf greifen oder sie herausdrücken. Gegebenenfalls müssen Sie die flüchtige Ente ein weiteres Mal beschießen. Achten Sie in diesem Fall gut auf Ihren Hund. Um ihn nicht zu gefährden, müssen Sie genau wissen, wo er sich gerade aufhält. Idealerweise sieht Ihr Hund die Ente im Moment der Schussabgabe und verknüpft somit das Geschehen. Übertreiben Sie die Arbeit am lebenden Wild nicht. Überprüfen Sie anschließend immer wieder die Standruhe und das Bringen von kaltem Wild.

DIE LEBENDE ENTE IM RAHMEN EINER PRÜFUNG

Ein Jagdhund, der zur Entenjagd eingesetzt werden soll, muss die Ansprüche des Tierschutzes und der Waidgerechtigkeit erfüllen. Diese Ansprüche sollten im Vorfeld überprüft und bestätigt werden.

VON BUNDESLAND ZU BUNDESLAND UNTERSCHIEDLICH

Grundsätzlich beinhaltet z. B. die Verbands-Herbstzuchtprüfung (HZP) die Arbeit an der lebenden Ente. Die hierbei verwendete Ente wird mit der „Methode Müller" kurzfristig flugunfähig gemacht. Diese Arbeit inklusive Ihrer erforderlichen Vorbereitung ist umstritten. Aus diesem Grund sind die Regelungen hinsichtlich der Arbeit an der lebenden Ente von Bundesland zu Bundesland sehr unterschiedlich. In einigen ist die Durchführung dieses Fachs gänzlich verboten.

Für die Jagd auf Wasserwild benötigt der Hund Passion, Wasserfreude und Wildschärfe.

DIE VORGABEN AUF DER HZP

Nachfolgend die Anforderungen bei der HZP (Stand 2017):

(10) Stöbern mit Ente im deckungsreichen Gewässer

a) Eine Ente wird in der Deckung ausgesetzt, ohne dass ein Anschuss markiert wird. Diese Vorbereitung darf der Hund nicht eräugen.

b) Nach dem Aussetzen führen die Richter den Führer zu einem Punkt in Schrotschussentfernung vom Aussetzort beziehungsweise von der Ente und geben ihm die Richtung an. Hier fordert der Führer seinen Hund zur Nachsuche auf.

c) Der Hund soll die Ente selbständig suchen und finden. Der Führer darf ihn bei der Arbeit lenken und unterstützen, jedoch mindern dauernde Einwirkungen das Prädikat.

d) Sobald der Hund eine Ente aus der Deckung drückt und sichtig verfolgt, ist sie vom Führer oder einer dazu bestimmten und berechtigten Person zu erlegen, wenn das ohne Gefährdung der Sicherheit möglich ist.

e) Die erlegte oder gegriffene Ente muss vom Hund gebracht werden.

f) Die Richter sollen die Arbeit eines Hundes beenden, sobald sie sich ein abschließendes

Urteil gebildet haben. Das gilt auch dann, wenn die Ente nicht vor dem Hund erlegt wurde oder die Richter den Eindruck gewonnen haben, dass der Hund den Anforderungen nicht genügt.

g) *Ein Hund, der eine vor ihm erlegte oder gegriffene Ente beim erstmaligen Finden nicht bringt, kann die Prüfung nicht bestehen. In diesem Fall ist auch das Stöbern mit Ente im deckungsreichen Gewässer mit „nicht genügend“ zu bewerten. Gewünscht ist schnelles Aufnehmen und freudiges und williges Zutragen ohne jede weitere Beeinflussung durch den Führer. Das Loben des Hundes und/oder das Bemerkbarmachen des Führers, nur nachdem der Hund die Ente aufgenommen hat, ist ohne Punkt-/Prädikatsminderung erlaubt, wenn der Hund zu diesem Zeitpunkt korrekt arbeitet. Eine vom Hund wahrgenommene Ente gilt als gefunden. Einwirkungen des Führers (maximal zwei Mal in einem Bringfach) bei Fehlverhalten des Hundes sind nur nach dem Aufnehmen des Wildes erlaubt sowie für das Bringen prädikatsmindernd zu bewerten (einmalige Einwirkung: Prädikat gut; zweimalige Einwirkung: Prädikat genügend). Wirkt ein Führer in einem Bringfach mehr als zweimal bei Fehlverhalten ein, erhält der Hund im Bringen und im entsprechenden Fach „Stöbern mit Ente im deckungsreichen Gewässer“ ein „Nicht genügend“.*

(11) Bringen von Ente

a) *Unter Art des Bringens ist die Ausführung des Bringens zu zensieren und ob der Hund dem Führer das Wild überhaupt zutragen will. Hierzu gehört auch die übungsmäßig erlernte Fertigkeit, wie der Hund das Wild aufnimmt, trägt (Griff) und beim Führer abgibt. Das korrekte Aufnehmen und Tragen zeigt sich darin, dass der Hund seinen Griff nach Art und Schwere des Wildes einrichtet. Fehlerhaft ist zu starkes wie auch zu zaghaftes Zufassen, Halten und Tragen. Knautschen oder Rupfen ist zu vermerken und als Fehler zu werten. Hochgradige Knautscher, Anschneider und Totengräber können die Prüfung nicht bestehen.*

b) *Legt der Hund die gebrachte Ente zunächst ab – z. B. um sich zu schütteln –, kann er für diese Bringarbeit höchstens „gut“ (7 Punkte) erhalten. Fasst der Hund jedoch die vor ihm erlegte oder die ins Wasser geworfene Ente zunächst ungünstig (z. B. an Kopf, Schwinge oder Ruder) und verbessert an Land den Griff, ohne sich zu schütteln, bringt sie dann, setzt sich und gibt korrekt ab, darf der Hund wegen der Verbesserung des Griffes nur dann in der Bewertung herabgesetzt werden, wenn ihm hierbei eine noch lebende Ente hätte entkommen können.*

c) *Es darf dem Hund auch nicht als Fehler angerechnet werden, wenn er sich schüttelt und dabei die Ente im Fang behält.*

d) *Für die Bewertung der Bringarbeit ist darauf zu achten, dass der Hund die Ente dem Führer vorschriftsmäßig zuträgt, sich setzt und sie korrekt ausgibt. Bei der Urteilsfindung „Art des Bringens von Ente“ sind alle Bringarbeiten des Hundes bei der Wasserarbeit zu berücksichtigen.*

e) *Wird eine Einzelarbeit beim Bringen von Ente mit „nicht genügend“ oder „nicht geprüft“ beurteilt, kann das Gesamturteil für Bringen von Ente nur „nicht genügend“ oder „nicht geprüft“ lauten.*

f) *Das Loben des Hundes und/oder das Bemerkbarmachen des Führers, nur nachdem der Hund die Ente aufgenommen hat, ist ohne Punkt-/Prädikatsminderung erlaubt, wenn der Hund zu diesem Zeitpunkt korrekt arbeitet. Eine vom Hund wahrgenommene Ente gilt als gefunden.*

g) *Wird der Hund beim Bringen durch außergewöhnliche Umstände gestört, so ist ihm danach eine weitere Gelegenheit zum Bringen dieser für ihn ausgelegten oder vor ihm erlegten Ente zu gewähren.*

HALT ODER DOWN

Im Verlauf einer Jagd stößt der Hund immer wieder auch auf gesundes Wild, das er nicht hetzen darf. Ein zuverlässiges Stoppsignal kann aber auch schlichtweg sein Leben retten, wenn er, z. B. hinter einem beschossenen Hasen, auf eine befahrene Straße zustürmt.

Sie sind z. B. auf einer Niederwildjagd und wollen Fasan bejagen. Ihr Hund sucht eifrig eine Feldhecke ab und drückt hierbei ein Stück Rehwild heraus. Gerade der junge Jagdhund wird seinem Impuls folgen und das Stück hetzen wollen. Nun ist es für das Stück und den Ablauf der Jagd von großem Vorteil, wenn Sie Ihren Hund davon abhalten können. Aber gerade auch der bereits bejagte Hund, der vielleicht auf seinen vorangegangenen Nachsuchen ein krankes Stück runtergezogen hat, soll in dieser Situation nicht hetzen. „Halt!" ist ein Stopp-Kommando, das Ihr Hund zwingend in jeder Lebenslage befolgen muss! Der Unterschied zum „Ablegen" besteht darin, dass Sie Ihren Hund aus der Halt-Lage nicht abholen müssen. Sie können ihn, je nach Situation, anschließend abrufen oder weiterschicken. Darüber hinaus ist die Zwangshaltung durch den niedergelegten Kopf ausgeprägter.

„HALT" – OFT EINE „GRENZERFAHRUNG"

Die größte Herausforderung beim zuverlässigen „Halt" ist dessen Durchsetzung. Viele Hundeführer stoßen hier an ihre Grenzen, vor allem dann, wenn der Hund bereits Er-

Dieser Hund befindet sich in perfekter Halt-Lage.

fahrungen mit Wild gemacht hat. Spätestens dabei hat er gelernt, dass Sie nur über eine begrenzte Reichweite verfügen.
Das zuverlässige „Halt“ auf Distanz erfordert absolute Konsequenz und ein angepasstes Maß an Korrektur. Fakt ist: Wenn der Reiz hoch genug ist, wird das In-Aussicht-Stellen von Lob und Futter nicht ausreichen. Es wäre leichter, wenn man dem Hund das Jagen von Wild ganz verbieten und sich mit absoluten Hemmungen beziehungsweise mit Aversion beschäftigen könnte. Unsere Jagdhunde müssen aber jagen, und das kompromisslos, wenn wir es wollen.
Das alles soll Sie nun nicht dazu bewegen, von vornherein gar nicht am Gehorsam an Wild beziehungsweise dem „Halt“ zu arbeiten. Es soll Sie nur darauf vorbereiten, dass es in einigen Situationen eines anderen Managements bedarf. Und zwar immer dann, wenn Sie ein Stoppen des Hundes nicht sicherstellen können und dies absolut nicht tolerierbar ist. Leinen Sie Ihren Hund bei Treiben an befahrenen Straßen an. Schnallen Sie ihn nicht, wenn Sie davon ausgehen müssen, dass er ungebremst gesundes Wild hetzen wird usw.

EINÜBUNG DES „HALT“

In der korrekten Halt-Lage befindet sich Ihr Hund dann, wenn er auf allen vier Läufen liegt und zusätzlich seinen Kopf zwischen die Vorderläufe auf den Erdboden gelegt hat. Am Anfang steht wie immer das Beibringen. Es darf also gern belohnt werden; hierzu bietet sich der Einsatz des Klickers an.

DER ERSTE SCHRITT – „HALT“ AUS „PLATZ“

Zu Beginn entwickelt man das „Halt“ am besten aus dem schon gelernten „Platz“.
Variante 1 Der Hund liegt und wird mit Futter animiert, den Kopf auf den Boden zu legen. Dazu platzieren Sie Ihre Hand mit dem Futter nach unten, ganz flach auf den Boden. Ihr Hund versucht nun, an das begehrte Futter zu kommen, zumindest wird er an Ihrer Hand schnüffeln. Verstärken Sie dieses Verhalten in dem Moment, in dem der Kopf den Boden berührt. Achten Sie darauf, aus Versehen nicht das Senken des Kopfes, sondern z. B. das Kratzen oder Stupsen an Ihrer Hand zu verstärken.
Variante 2 Legen Sie dem Hund, wenn er im „Platz“ ist, die flache Hand auf den Kopf. Hierbei ist es wichtig, den richtigen Druck auszuüben. Letzterer soll nicht dazu führen, dass Ihr Hund damit beschäftigt ist, sich zu wehren. Wenden Sie also keine Kraft auf: Druck erzeugt Gegendruck. Der Hund soll sich in die gewünschte Form bringen lassen (kinästhetisches Lernen). Sobald der Hund mit dem Kopf in Richtung Boden nachgibt, bestätigt man dieses Nachgeben durch das eigene Lockern der Hand und verstärkt zusätzlich, z. B. durch „Klick“ und Futter. Dies wiederholt man, bis der Kopf ruhig auf dem Boden zu liegen kommt.
Variante 3 Auch die unter dem Abschnitt „Platz“ beschriebene Technik mit den angewinkelten Beinen (s. S. 80) kann beim Beibringen von „Halt“ hilfreich sein.
Probieren Sie also aus, welche der geschilderten Vorgehensweisen Ihnen und Ihrem Hund am leichtesten fällt.

DAS HÖRZEICHEN KOMMT HINZU

Hat Ihr Hund die richtige Halt-Lage verstanden, fügen Sie zuerst das akustische Zeichen hinzu. Sagen Sie also immer in dem Moment das Wort „Halt“, in dem Ihr Hund korrekt liegt.
Hat Ihr Hund das Hörzeichen mit der Handlung verknüpft, ist es an der Zeit, das Kommando einzufordern. Ihr Hund liegt also vor Ihnen im „Platz“, Sie sagen „Halt!“ und Ihr Hund legt sich in die geforderte Position. Tut er dies zwischendurch nicht, Sie aber sind sicher, dass er die Übung verstanden hat, korrigieren Sie ihn.

Der Hund lässt sich ohne Zwang durch gezielten Einsatz der Hände in die gewünschte Form bringen.

„HALT“ AUS ANDEREN POSITIONEN

Sie haben Ihrem Hund erfolgreich das „Halt“ aus dem „Platz“ beigebracht. Anschließend üben Sie dies ebenfalls aus dem Sitz und dem Stand. Die Vorgehensweise ist hierbei immer die gleiche. Wenn auch dies gut klappt, beginnen Sie mit dem „Halt“ aus der Bewegung. Anfangs, während Ihr Hund neben Ihnen bei Fuß läuft. Später auch, wenn er frei läuft.

Achten Sie hierbei darauf, dass Ihr Hund sofort heruntergeht und auch nicht auf Sie zurobbt. Tut er das oder läuft er gar auf Sie zu, bremsen Sie ihn zusätzlich zum Kommando mit Ihrer Körpersprache. Dazu gehen Sie

Dieser Hund hat die Halt-Lage akzeptiert.

Das „Halt"-Kommando wird gegeben.

Körpersprachliches Ausbremsen

z. B. im Moment des Kommandos forsch auf Ihren Hund zu, bis er liegt. Bei manchen genügt bereits ein starres, etwas „drohend" wirkendes Stehenbleiben.
Läuft der Hund bei der Kommandogabe vor Ihnen her, so bremsen Sie ihn bei Bedarf z. B. mithilfe der Schleppleine, oder werfen Sie eine Leine o. Ä. direkt vor Ihren Hund, um ihn zu stoppen.

ZUSÄTZLICHE „HALT"-KOMMANDOS

Zusätzlich zum verbalen Kommando „Halt!" haben sich das Handzeichen (hochgestreckter Arm, Handfläche zeigt zum Hund) und der Trillerpfiff bewährt. Diese kommen bei größeren Abständen zwischen Ihnen und Ihrem Hund zum Tragen. Das Handzeichen bedarf natürlich des Sichtkontakts. Sie bringen Ihrem Hund diese zusätzlichen Kommandos bei, indem Sie die Kommandos miteinander verknüpfen. Dazu stellen Sie das bereits erlernte verbale Kommando an den Anfang, und das zu erlernende neue Kommando, hier z. B. das Handzeichen, geben Sie direkt im Anschluss.
Fordern Sie Ihren Hund verbal zum Halt auf und heben Sie direkt danach die Hand; nach einigen Wiederholungen erfolgt eine Verknüpfung von Handlung, Wort und Sichtzeichen. Nach erfolgreicher Verknüpfung stellen Sie das Sichtzeichen an den Anfang und sichern dies durch das hintenangestellte Hörzeichen ab. Nach einigen Wiederholungen kann das Sichtzeichen für sich allein stehen. In gleicher Weise verfahren Sie mit dem Pfiff. Kombinieren Sie hierzu am besten Handzeichen und Pfiff miteinander. Gleichzeitig sprechen und pfeifen ist doch eher schwierig.

ETABLIERUNG UND ABSICHERUNG

Haben Sie Ihrem Hund das „Halt" erfolgreich beigebracht, steigern Sie die Verleitungen und Ablenkungen. Gehen Sie hier gewissenhaft und Stück für Stück vor. Ganz wichtig ist, dass Sie Ihren Hund die hochwertige Bedeutung dieses Kommandos verinnerlichen lassen.
Es bietet sich an, mit Bewegungsreizen zu arbeiten, hier können Sie sich z. B. die Reizangel zunutze machen, aber auch andere

des Hundes

Der Hund liegt – der Mensch nimmt die Spannung raus.

Hunde, Bälle usw. Überlegen Sie sich im Vorfeld, wie Sie Ihren Hund korrigieren wollen und können.
Sichern Sie ihn anfangs z. B. mit einer Schleppleine ab, allerdings haben die meisten Hunde das ganz schnell raus und wissen genau, wann sie wirklich frei sind. Auch Ihre innere Haltung und die damit verbundene Körpersprache sind beim Durchsetzen wichtig. Stehen Sie unsicher da und vermitteln, dass Sie selbst nicht an den Erfolg der Übung glauben, wird sie auch nicht funktionieren.

BEISPIELÜBUNGEN

Die Absicherung des „Halt" durch Verleitungen kann z. B. aussehen wie folgt:
Übung 1 Lassen Sie Ihren Hund in die Halt-Lage gehen. Nun werfen Sie in seiner Umgebung mit Bällen. Die dürfen auch direkt vor der Nase oder an den Läufen des Hundes vorbeirollen und -fliegen. Ihr Hund soll hierbei sicher liegen bleiben. Zur Ablenkung können auch andere Hund um ihn herumlaufen. Diese sollten ihn jedoch nicht bedrängen dürfen.
Übung 2 Lassen Sie Ihren Hund an der Reizangel etwas hetzen. Mitten in der Hatz trillern Sie ihn ins „Halt". Reizen Sie ihn mit der Angel weiter. Auch hier soll er sich durch die Ablenkung nicht verleiten lassen.
Sollten Sie die Möglichkeit haben, an einer Hasenzugmaschine zu arbeiten, bieten sich hiermit viele Möglichkeiten, Verleitungen herzustellen.
Fällt es Ihnen schwer, das „Halt" bei Ihrem Hund durchzusetzen, macht es Sinn, dies individuell mit einem Trainer zu üben.

KOPF RUNTER BEIM HALT

Anfangs wird Ihr Hund das Ablegen seines Kopfes nicht lange aushalten. Es fordert von ihm einiges an Gelassenheit, Ruhe und Disziplin. Er kann in dieser Haltung das Geschehen um sich herum ja nur schlecht verfolgen und absolutes Stillliegen muss auch gelernt sein. Genau hierum geht es aber beim „Halt". Beginnen Sie an dieser Stelle nicht mit Zugeständnissen, indem Sie dem Hund erlauben, den Kopf oben zu lassen. Letzten Endes ist die Haltung des Kopfes eine weitere „Sicherheitsstufe" beim Stoppen hinter Wild.

Hier zeigt sich, ob das „Halt"-Kommando sitzt.

EIN KLEINES GEDANKENSPIEL

Gehen wir davon aus, Ihr Hund ist 100 Meter von Ihnen entfernt. In seiner Nähe springt, für ihn sichtig, ein Reh ab. Ihr Hund startet durch. Sie möchten Ihren Hund stoppen und trillern ihn ins „Halt". Idealerweise legt er sich sofort platt auf den Boden. Welche Abstufungen der Ausführung wären vorstellbar, wenn der Hund keine 100%ige Erfüllung des Kommandos zeigt? Hinlegen mit Kopf hoch, hinsetzen oder nur stoppen und stehen bleiben.

HALT" VERLANGT REIFE

Das „Halt" kann in der ganzen Konsequenz erst bei einer gewissen Reife des Hundes eingefordert werden. Bringen Sie Ihrem jungen Hund vorerst lediglich das Kommando bei – natürlich auch hier schon mit der entsprechenden Konsequenz. Die Anforderungen, wie Dauer und Verleitungen, müssen Sie aber unbedingt dem individuellen Entwicklungsstadium des Hundes anpassen. Der Hund muss mental zur Erfüllung der gestellten Anforderungen in der Lage sein.

Hund eins hat die korrekte „Halt"-Lage gelernt und verinnerlicht, er weiß also, dass das Kommando bedeutet: hinlegen und Kopf zwischen die Vorderläufe. In seinem Erregungszustand schafft er es nicht, den kompletten Ablauf zu erfüllen, und legt sich „nur" hin. Das Kopf-Herunternehmen lässt er weg.
Hund zwei wurde das „Halt" mit mehr Nachsicht beigebracht, er darf den Kopf ruhig heben und muss sich auch nicht zwingend zügig hinlegen. Das Szenario entspricht dem eben beschriebenen. Sie trillern auch bei Hund zwei. Sein gefestigter Ablauf endet bereits bei der normalen Ablage. Auch Hund zwei lässt eine Position des erlernten Ablaufs weg: Er sitzt oder steht also bereits nach dem Ertönen des Kommandos.
Dies soll Ihnen einen Verlauf verdeutlichen. Jede eingebaute „Sicherheitsstufe" kann im Ernstfall von Bedeutung sein. Bedenken Sie: Wenn im Nahbereich bereits Zugeständnisse gemacht werden, wie soll dann auf Entfernung und bei Verleitung ein zuverlässiges Ergebnis herauskommen?!

VORSTEHEN

Auf der Niederwildjagd wird unseren Jagdhelfern einiges an Disziplin abverlangt. Hier zeigt sich das Zusammenspiel zwischen Vorstehanlagen, jagdlicher Motivation, Impulskontrolle und Gehorsam. Jagd ist Teamwork mit einem Leader.

Geht es zur Jagd auf Hase, Fasan und vielleicht auch Rebhuhn, sind unsere Vorstehhunde unverzichtbare Helfer. Sie sollen für uns das Wild aufspüren und durch Vorstehen und gegebenenfalls Nachziehen anzeigen. Nach dem Finden müssen sie festliegendes Wild so lange vorstehen, bis sie entweder die Aufforderung erhalten, das Wild eigenständig hochzumachen, oder wir selbst zur Stelle sind, um das zu tun. Dieser Ablauf verlangt eine hohes Maß an Selbstbeherrschung.

VORSTEHEN AN WILD

Sie haben die Vorstehanlagen Ihres Welpen gefördert, ihm das Stopp-Kommando „Halt" beigebracht und das Kommando etabliert. Nun geht es darum, das Erlernte am Wild zu vertiefen und zusammenzufügen.
Gehen Sie mit Ihrem Junghund an Stellen im Revier, an denen Sie Wild erwarten. Hier bieten sich naturgemäß Fasane, Rebhühner und Wachteln, aber auch Enten und Tauben an, Letztere eher bei Verwendung des Taubenwerfers.

Für die Niederwildjagd ist ein ausgebildeter Vorstehhund ideal.

Nutzen Sie bei dieser Vorstehübung an Wild die Schleppleine. Bei sehr temperamentvollen oder auch schweren Hunden bietet es sich an, die Leine einmal um den Bauch des Hundes zu schlingen. So haben Sie die Möglichkeit, überhaupt einen Einfluss zu nehmen. Nähern Sie sich mit dem Hund bei gutem Wind (Gegenwind) dem Wild und bestehen Sie auf ein ruhiges Tempo beim Suchen.

VORBILDER EINSETZEN

Achten Sie nun gut auf die Körpersprache Ihres Hundes und loben Sie ihn, wenn er erste Witterung anzeigt, er also markiert. Nähern Sie sich langsam weiter dem Wild und versuchen Sie, Ihren Hund immer wieder zum Verharren zu animieren beziehungsweise zum Nachziehen, wenn er fest steht. Manche Hunde sekundieren förmlich Ihrem Hundeführer und lernen hierbei am Vorbild des Menschen. Sie können auch einen im Vorstehen firmen Hund als Vorbild für den jungen Hund einsetzen.

Während der Übung bestätigen Sie Ihren Hund idealerweise verbal und durch ruhiges Streicheln. Auch ein „Laaangsam“, wenn Ihr Hund nachzieht, und ein „Waaarte“, wenn er vorsteht beziehungsweise Sie ihn bremsen, bieten sich hier als ergänzende Unterstützung an.

WILDKONTAKT

Natürlich soll Ihr Hund selbstständig arbeiten, das heißt, idealerweise befindet er sich vor Ihnen und wird lediglich durch Sie unterstützt. Haben Sie sich nun nahe genug an das Wild herangearbeitet und steht Ihr

01

02

Hund einen Moment gut vor, beenden Sie die Übung. Tragen Sie Ihren Hund zum Beenden ab, indem Sie ihn aus der Position herausheben. Hierbei reicht es völlig aus, den Vorderkörper anzuheben und so den Hund wegzudrehen. Loben Sie Ihren Hund ausgiebig für seine Leistung.
Sollte Ihr Hund nur schwer zu bremsen sein und durch seine forsche Art das Wild aufscheuchen, lernt er meistens recht schnell, dass dieses Verhalten nicht zum gewünschten Erfolg, zum Beutemachen führt. Nach einigen Misserfolgen wird Ihr junger Hund bei weiteren Versuchen wahrscheinlich besonnener vorgehen. Sollten diese Erfahrungen nicht ausreichen und Ihr Junghund im ungünstigsten Fall Gefallen am Hochmachen und Hetzen finden, müssen Sie dies natürlich verhindern.

DIE EIGENE INNERE HALTUNG

Denken Sie bei dem Einüben des Vorstehens an Wild immer auch an Ihre eigene innere Haltung. Es geht um ruhiges, konzentriertes Arbeiten. Vermitteln Sie Ihrem Hund dies auch durch Ihre Sprache, Ihre Berührungen und Ihre Körpersprache.

01 Durchstehen mit Hilfe der der Feldleine

02 Sekundieren beim Vorstehen mit dem Mensch als Vorbild. Für ein eventuelles „Halt" ist die Pfeife parat.

03 Bremsen durch die Feldleine

03

DURCHSTEHEN MIT „HALT"

Um ein „Durchstehen" zu fördern und das unkontrollierte Einspringen zu verhindern, bietet sich die Verwendung von „Halt" an. Stoppen Sie Ihren Hund, kurz bevor er die Nerven verliert, durch das Kommando „Halt" als Hörzeichen oder mithilfe der Pfeife (z. B. Triller). Das Sichtzeichen eignet sich in diesem Fall weniger, da Ihr Hund wahrscheinlich seinen Blick auf das Wild fokussiert hat. Fordern Sie Ihren Hund anschließend zum weiteren Nachziehen und erneuten Vorstehen auf oder beenden Sie die Übung durchs „Abtragen".
Ein effektives Hilfsmittel für das Vorstehtraining ist der Taubenwerfer. Hier ist ein geplanter, vom Timing exakter und auf den Punkt gebrachter Trainingsaufbau unabdingbar. Es ist sinnvoll, dies mit einem Fachmann zu üben.

01

03

06

01–03 Der junge Hund lernt mithilfe des Hundeführers ein angepasstes Annähern an das Wild. Hierbei soll er zunehmend weiter an die selbstständige Arbeit herangeführt werden.

04–05 Steht der Hund stabil, wird er durch den Hundeführer abgetragen und gelobt. Für ein eventuelles Bremsen-Müssen ist die Pfeife parat.

06 Vorstehen mit Hilfe der Schleppleine

07 Ein Nachprellen bei abstreichendem Wild wird durch die Schleppleine verhindert.

02

04

05

07

GEHORSAM UND FEHLVERHALTEN

Neben jagdlichen Fähigkeiten muss unser Jagdhund auch immer wieder ein hohes Maß an Gehorsam zeigen. Darunter fällt auch der Gehorsam an Wild. Der Hund muss sich an Wild abrufen lassen und darf es nicht ungehemmt hetzen.

Abgesehen von diesem Gehorsam soll Ihr Hund natürlich auch im Nahbereich ein angenehmer Begleiter sein, der Sie bei der Jagdausübung nicht behindert und gefährdet – sei es bei Gesellschaftsjagden auf dem Stand, beim gemeinsamen Pirschen oder das ruhige Warten, bis Sie zu ihm zurückkommen. Dieses Können bedarf einer guten Vorarbeit und regelmäßiger Übung in den Bereichen:

— Leinenführigkeit und Folgen frei bei Fuß
— Ablegen
— Schussfestigkeit und Standruhe

GEHORSAMSFÄCHER AUF DER PRÜFUNG

Im Rahmen der Brauchbarkeitsüberprüfungen, aber auch bei Zucht- und Verbandsprüfungen werden bestimmte Gehorsamsfächer überprüft. Nachfolgend exemplarisch die Anforderungen aus der VGPO (Stand 2017):

§ 39 Verhalten auf dem Stand

(1) Beim Verhalten auf dem Stand während des Treibens werden die Führer mit ihren Hunden – diese angeleint oder frei – als Schützen an einer Dickung angestellt, während andere Personen die Dickung mit dem üblichen Treiberlärm durchgehen. Hierbei muss in der Dickung mehrfach geschossen werden, auch muss der Führer mindestens zweimal schießen. Die Anordnung dazu hat der Richter zu geben.

(2) Der Hund soll sich bei dieser Prüfung ruhig verhalten, er soll nicht winseln, darf nicht Hals geben, an der Leine zerren oder ohne Befehl vom Führer weichen ...

§ 40 Leinenführigkeit

(1) Der an der durchhängenden Umhängeleine geführte Hund soll ohne zu stören zunächst ca. 50 m seinen Führer auf einem Weg begleiten, wobei dieser mehrmals die Richtung ändern muss. Danach soll er den durch Stangenholz oder Kulturen gehenden Führer so begleiten, dass er sich mit der Leine nicht verfängt und den Führer nicht am Vorwärtskommen hindert. Der Führer muss bei dieser Prüfung mehrfach dicht an einzelnen Stangen oder Bäumen rechts und links vorbeigehen und mindestens einmal stehen bleiben.

(2) Jedes Verfangen des Hundes mit der Leine wie auch jedes Ziehen des Hundes an der Leine mindert das Prädikat für diese Leistung ...

§ 41 Folgen frei bei Fuß

(1) Das Folgen frei bei Fuß wird auf einem Wald- oder Pirschweg in der Weise geprüft, dass der unangeleinte Hund seinem Führer ohne lautes Kommando dicht hinter oder neben dem Fuß folgt.

(2) Der Führer muss hierbei in wechselndem Tempo eine Strecke von mindestens 100 m gehen und muss dabei unterwegs mehrfach stehen bleiben, wobei der Hund ebenfalls sofort verhalten soll. Am Ende dieser Strecke legt der Führer seinen Hund zum Prüfen des Ablegens frei oder neben einem Gegenstand (Rucksack, Hut, Jagdtasche, Jagdstock, Leine etc.) ab. Es ist nicht zulässig, einen Gegenstand über den Hund zu legen.

§ 42 Ablegen

(1) Nachdem der Führer seinen Hund so abgelegt hat, gibt er ihm durch Zeichen oder leisen Befehl zu verstehen, dass er liegen bleiben soll. Alles muss in größter Stille geschehen.

(2) Danach entfernt sich der Führer pirschend bis zu einem ihm vorher benannten Ort, der mindestens 30 m vom Ablegeort entfernt im Wald so postiert ist, dass ihn der Hund nicht eräugen oder vernehmen kann. Der Führer soll sich dabei nicht nach seinem Hund umsehen oder ihm zurufen.

(3) Hier gibt er zwei Schrotschüsse in einem Abstand von mindestens 10 Sekunden ab.

(4) Der Hund hat hierbei auf seiner Stelle zu bleiben, bis er vom Führer dort abgeholt wird. Verlässt er diese, winselt er oder gibt er Laut, so ist diese Leistung mit „nicht genügend" zu bewerten. Der Hund darf jedoch den Kopf hochhalten, er darf sich auch auf der Vorderhand aufrichten. Ein Abweichen bis zu ca. 5 m gilt nicht als Verlassen der Stelle …

UNERWÜNSCHTE VERHALTENSWEISEN

Im Rahmen der Jagdhundeausbildung begegnen uns unterschiedliche Begriffe von unerwünschtem Verhalten. Im Folgenden möchten wir die bekanntesten kurz vorstellen. Verhalten ist immer komplex und die individuelle Einschätzung sehr wichtig. Aus diesem Grund können wir hier lediglich Gedankenanstöße geben. Sollten Sie ein schwerwiegendes Problem in diesen Bereichen haben, bearbeiten Sie dies mithilfe eines Profis.

DER KNAUTSCHER

Hierunter versteht man einen Hund, der auf dem Gegenstand, den er im Fang hält, herumkaut. Häufig sieht man dieses Verhalten bei nervösen oder übermotivierten Hunden. Es ist wichtig, die geringste Tendenz zum Knautschen rechtzeitig zu erkennen und bereits in seinen Anfängen deutlich zu unterbinden.

Das Knautschen ist ein selbstbelohnendes Verhalten; der Hund beruhigt sich förmlich durch das Kauen beziehungsweise reagiert sich auf diese Weise ab. Aus diesem Grund wird es sich nicht von allein erledigen, Sie müssen tätig werden. Neben dem direkten Ahnden des Herumkauens muss bei diesen Hunden in den meisten Fällen zusätzlich an der Frustrationstoleranz und dem gesamten Nervenkostüm gearbeitet werden.

DER TOTENGRÄBER

Der Totengräber sichert sich „seine" Beute durch Verscharren. Die Motive für das Sichern der Beute können sehr unterschiedlich sein. Hier einige Beispiele:

— Konkurrenzverhalten gegenüber dem Hundeführer oder anderen anwesenden Menschen und Hunden
— Überforderung durch Anforderungen, denen der Hund noch nicht oder nicht mehr gewachsen ist, z. B. Schwerapport ohne vorherigen Muskelaufbau oder das „Zermürben" durch eine immer wieder geforderte Übung
— Verunsicherung durch für den Hund unkalkulierbares Verhalten des Hundeführers, von dem er z. B. im Vorfeld für vermeintliches Fehlverhalten bestraft wurde, aber nicht verstanden hat, wofür er gemaßregelt wurde.

DER ANSCHNEIDER

Der Anschneider frisst im unbeobachteten Moment Teile des erlegten Stücks, oder vertilgt es im Ganzen. Auch hierfür gibt es nicht den einen Grund. Die Tendenz zum Anschneiden ist jedoch meistens größer, wenn es sich um nicht mehr frisches oder bereits „eröffnetes“ Wild handelt.

Beim Anschneiden von Niederwild, das der Hund apportieren soll, kann der Fehler im mangelnden Apport liegen, verbunden mit einem Konkurrenzverhalten dem Hundeführer gegenüber. Der Hund möchte seine Beute nicht abgeben und frisst sie also lieber gleich selbst.

Ist der Hund hingegen mit einem aufgefundenen Stück Schalenwild einige Zeit allein, kann der erste Versuch auch rein zufällig entstehen. Der Hund bewindet das Stück und leckt etwas vom Schweiß auf. Daraus wird ein leichtes Knabbern und, je nach Hund und Zeitfenster, eventuell ein herzhaftes Fressen. Wie heißt es so schön: „Gelegenheit macht Diebe.“ Gerade beim jungen Hund sollten daher solche Gelegenheiten verhindert werden beziehungsweise bewusst unter Kontrolle gestellt werden, um dem Hund klarzumachen, dass es sich hierbei um unerwünschtes Verhalten handelt.

Eine andere These besagt, dass das Anschneiden mit mangelnder Ernährung zusammenhängt. Ob dies nun stimmt oder nicht: Eine ausgewogene Ernährung sollte immer selbstverständlich sein. Auch das Anbieten von rohem Fleisch ist hier eine gute Idee.

DER BLINKER

Der Blinker ignoriert gefundenes Wild oder meidet es. In den meisten Fällen ist dieses Verhalten das Ergebnis einer Fehlverknüpfung beziehungsweise eines falschen Trainingsaufbaus. Hat der Hund in der Vergangenheit beim Auffinden und Anzeigen von Wild schlechte Erfahrungen gemacht, wurde er z. B. für das Hochmachen bestraft, so kann dies zum zukünftigen Blinken füh-

„Anschneiden“ ist höchst unerwünscht. Es ist häufig ein Ausbildungsfehler und kann verschiedene Ursachen haben.

ren. Dieser Hund muss nun ausreichend gute Erfahrungen beim Auffinden von Wild sammeln.

DER BLENDER

Der Blender tut so, als fände er Wild. Er zeigt dieses imaginäre Wild sauber an und „schwindelt“ somit. Hier muss man genau hinschauen, ob das Anzeigen durch einen anderen Reiz (Sichtreiz) ausgelöst wird oder ob der Hund einfach zu sehr für dieses Verhalten gelobt wurde, ohne zu verknüpfen, dass dies nur in Verbindung mit Wild gewünscht ist.

Es kann auch sein, dass der Hund in einer sehr starken Erwartungshaltung ist. Die Hoffnung, etwas zu finden, lässt ihn ständig unnötig verharren. Auch dieses Verhalten kann im ungünstigen Fall vom Menschen verstärkt werden, wenn er davon ausgeht, dass sein Hund wirklich Wildwitterung anzeigt. Beim Blender ist es wichtig, sicherzustellen, dass er ausschließlich für das Anzeigen von reellem Wild bestätigt wird.

SCHUSSSCHEUE

Ein schussscheuer Hund kann unmöglich als Jagdhund eingesetzt werden. Ist die Schussscheue ausgeprägt und nicht zu beheben, handelt es sich um ein K.-o.-Kriterium. Es gibt verschiedene Ausprägungen der Schussscheue. Der eine Hund erschrickt kurz, erholt sich aber sofort wieder. Hier spricht man allenfalls von „Schussempfindlichkeit“. Der andere verfällt förmlich in Panik und läuft davon oder weicht seinem Hundeführer nicht mehr von der Seite.

Wie kommt es nun aber zur Schussscheue? Wie bei vielen Verhaltensauffälligkeiten kann es den einen Grund geben. Es kann aber auch eine Ansammlung von Veranlagung und Erfahrungen zusammengekommen sein. Genetik, Aufzucht, Persönlichkeit, Trainingsaufbau und Resilienz (psychische Widerstandskraft) spielen hierbei eine Rolle.

Entscheidend ist bei der Ausbildung des jungen Jagdhundes, das Thema Schussgewöhnung ernst zu nehmen und dem Hund die Chance zu geben, laute Geräusche und Schüsse als normal ansehen zu können. Gerade beim noch nicht bejagten Hund ist es wichtig, den Schuss kalkulierbar zu machen – der Hund muss also sehen, was passiert – und ihn durch z. B. Futtergabe, Ballwurf oder fallendes Wild positiv zu verknüpfen.

SCHUSSHITZE

Im Gegensatz zur Schussscheue steht die Schusshitzigkeit. Hier hat die positive Verknüpfung etwas zu gut funktioniert und der Hund reagiert übermotiviert. Diese Übermotivation äußert sich z. B. durch mangelnde Ruhe, Fiepen, Quietschen oder regelrechtes Schreien nach der Abgabe eines Schusses. Der Hund prellt vor, egal ob mit oder ohne Leine, oder ist im Freilauf nicht mehr ansprechbar und läuft in Richtung des Schusses davon. Hier muss dringend an der Frustrationstoleranz und dem Grundgehorsam gearbeitet werden. Lassen Sie Ihren Hund zuschauen, während andere Hunde arbeiten. Holen Sie zu apportierende Gegenstände selbst und bestehen Sie dabei auf Ruhe.

HANDSCHEUE

Handscheu nennt man einen Hund, der sich nicht berühren lässt, hierbei unsicher reagiert und in erster Linie nicht aggressiv. Sollte er aber zu sehr bedrängt werden, kann es auch zu Abwehrschnappen o. Ä. kommen. Handscheue ist in der Regel selbst gemacht und resultiert aus einem falschen Umgang mit dem Hund.

Bei der Beurteilung von Handscheue darf man die rassetypischen Unterschiede im Umgang mit Fremden jedoch nicht außer Acht lassen. Ein Deutsch Drahthaar geht mitunter anders als ein Golden Retriever auf fremde Menschen zu. Der Umgang des Hundes mit dem eigenen Hundeführer muss aber bei allen Rassen ein freier sein.

FERNTRAINER

Als Jäger sind wir unserem Wild zur Hege und Pflege verpflichtet. Dies beinhaltet, das ungehemmte Hetzen gesunden Wildes durch den eigenen Jagdhund zu verhindern.

Wildgehorsam ist daher ein wichtiger Punkt im Rahmen der Jagdhundeausbildung. Und so ist der Wunsch nach Kontrolle über den Hund auf Distanz, auch bei direktem Wildkontakt, groß und verständlich. Es wäre bedeutend einfacher, dem Hund das Jagen vollständig zu verbieten. Dies ist im Rahmen unserer jagdlichen Tätigkeit natürlich weder möglich noch wünschenswert.

Der Hund muss also lernen, gesundes Wild zu schonen beziehungsweise auf ein Stoppsignal hin seine Hetze sofort abzubrechen. Doch außerhalb unseres Einwirkungsbereiches und bei starker Ablenkung sind die Hunde plötzlich oft nicht mehr kontrollierbar – in vielen Fällen aufgrund ihrer Erfahrung. Zusätzlich ist das Hetzen für unsere Jagdhunde im höchsten Maße selbstbelohnend. Haben sie dann auch noch Erfolg und machen Beute, ist der Jackpot perfekt. In diesem Fall wäre der Einsatz eines Ferntrainers durchaus naheliegend. Deshalb einige Fakten und Gedanken zu dem Einsatz von Ferntrainern.Unter „Ferntrainer" fällt sowohl das Sprühhalsband, als auch das Reizstromgerät. Die Verwendung eines Reizstromgerätes ist deutschlandweit nach § 3 (11) des Tierschutzgesetzes verboten. Der Erwerb ist jedoch weiterhin problemlos möglich und erlaubt. Auch das Sprühhalsband wird nicht mehr überall gerne gesehen. Das Hauptziel dieser Geräte ist die Einflussnahme auf Distanz. Dem Hund soll vermittelt werden, dass sein Hundeführer nicht nur im Nahbereich einwirken kann. Die Verwendung eines Ferntrainers (Sprühhalsband) birgt einige Gefahren und sollte ausschließlich durch geschulte und erfahrene Hundeausbilder verwendet werden. Zunächst ist eine richtige Einschätzung des Hundes wichtig. Im ungünstigen Fall bleibt der gewünschte Erfolg aus oder der Einsatz hat negative Auswirkungen auf den Hund. Auch wenn das Sprühhalsband theoretisch in allen Bereichen eingesetzt werden könnte, die über positive Bestrafung oder negative Verstärkung arbeiten, sollte es ausschließlich zum Absichern und Durchsetzen gelernter Kommandos verwendet werden. Dies beinhaltet, dass das Kommando grundsätzlich bei starken Ablenkun-

01

02

03

04

gen zuverlässig abrufbar ist, und das auch bei Wildkontakt, wenn der Mensch sich im Nahbereich befindet. Der Einsatz wäre also denkbar, wenn ich meinem hetzenden Hund das Kommando „Komm“ gebe, dieser es definitiv gehört und verstanden hat, und es trotzdem ignoriert. Es ist vor dem Einsatz zwingend zu überprüfen, ob:

1. der Hund das Kommando verstanden und generalisiert hat
2. der Hund das Kommando auch bei Ablenkungen zuverlässig befolgt
3. der Hund eine Lösung nach Einwirkungen hat (am besten den Anschluss zum Menschen suchen)
4. der Einsatz zum jeweiligen Hund passt
5. die Intensität angemessen ist

Gefahren:

— Fehlverknüpfung durch schlechtes Timing
— Anonyme, nicht zuzuordnende Bestrafung kann zu erlernter Hilflosigkeit führen
— Verstörende Wirkung, wenn der Grund der Bestrafung für den Hund aufgrund schlechten Timings oder nicht abgeschlossenen Lernprozesses nicht deutlich ist
— Unreflektierter Einsatz, weil Ausbildung auf Knopfdruck vermeintlich einfach erscheint
— Leichtfertiger Einsatz: anonyme Bestrafung ist bequemer als die direkte Konfrontation
— Abnutzung durch falsche Anwendung

Tierschutzgesetzt § 3 Nr. 11

Es ist verboten (...)
(11) ein Gerät zu verwenden, das durch direkte Stromeinwirkung das artgemäße Verhalten eines Tieres, insbesondere seine Bewegung, erheblich einschränkt oder es zur Bewegung zwingt und dem Tier dadurch nicht unerhebliche Schmerzen, Leiden oder Schäden zufügt, soweit dies nicht nach bundes- oder landesrechtlichen Vorschriften zulässig ist, (...)

01 Das Hetzen gesunden Wildes darf nicht geduldet werden.

02 Hier ist der Jagderfolg durch den Hund verhindert, da nicht mehr geschossen werden kann.

03 Ein Sprühhalsband ist rechtlich zulässig.

04 Die Verwendung eines Reizstromgerätes ist dagegen nach § 3 (11) des Tierschutzgesetzes in Deutschland verboten.

DIE AUTORINNEN

Stefanie Reimers (geb. Blawe), geboren in Einbeck im Süden Niedersachsens, gründete 2004 eine eigene Hundeschule, ab 2009 spezialisierte sie sich auf die Ausbildung von Jagdhunden. Sie hält entsprechende Ausbildungslehrgänge ab und bietet überdies Einzeltraining an. Die ausgebildete Verhaltensberaterin und zertifizierte Hundetrainerin mit Zulassung nach § 11 Tierschutzgesetz ist seit 2011 Jägerin, außerdem Dozentin im Jagdhundebereich, Züchterin, Verbandsrichterin und Hundeobfrau. Sie hat selbst Hunde auf Verbands-Jugendprüfungen (VJP), Verbands-Herbstzuchtprüfungen (HZP), Brauchbarkeitsprüfung, Verbands-Gebrauchsprüfungen (VGP) und Verbandsschweißprüfungen geführt.

Claudia Fries, geboren in Hamburg, gründete 2006 eine eigene Hundeschule. Die ausgebildete Verhaltensberaterin und zertifizierte Hundetrainerin mit Zulassung nach § 11 Tierschutzgesetz absolvierte 2014 die Jägerprüfung und 2020 die Falknerprüfung. Claudia Fries ist als Dozentin in der Hundetrainerausbildung und im Trainerbereich tätig, unter anderem für „dogument", ein renommiertes Zentrum für Aus- und Weiterbildung im Hundetraining, in Bad Oldesloe. Sie führte ihre eigenen Jagdhunde auf der Verbands-Jugendprüfung (VJP), der Verbands-Herbstzuchtprüfung (HZP), der Brauchbarkeitsprüfung und der Verbands-Gebrauchsprüfung (VGP).

REGISTER

BILDNACHWEIS

Mit 259 Farbfotos von Verfasserinnen Stefanie Blawe und Claudia Fries (250) sowie von Ekkehard Ophoven (4): S. 8, 17, 38, 64; Michael Stadtfeld (3): S. 11, 186/187 oben u. zweites v. oben; Karl-Heinz Volkmar: S. 35; Karl-Heinz Widmann/Kosmos: S. 142
Mit 10 Illustrationen von Wilfried Sloman

IMPRESSUM

Umschlaggestaltung von Büro Jorge Schmidt, München, unter Verwendung eines Farbfotos der Verfasserinnen Stefanie Blawe und Claudia Fries. Das Foto zeigt einen Magyar Vizsla (l.) und einen Kleinen Münsterländer mit verschiedenen Ausbildungsgeräten.

Mit 259 Farbfotos sowie 10 Farbzeichnungen

Unser gesamtes Programm finden Sie unter **kosmos.de**.
Über Neuigkeiten informieren Sie regelmäßig unsere
Newsletter, einfach anmelden unter **kosmos.de/newsletter.**

Gedruckt auf chlorfrei gebleichtem Papier

ISBN 978-3-440-16454-9
Redaktion: Ekkehard Ophoven
Gestaltung und Satz: DOPPELPUNKT, Stuttgart
Produktion: Ralf Paucke
Druck und Bindung: Westermann Druck Zwickau GmbH
Printed in Germany / Imprimé en Allemagne

FSC
www.fsc.org
MIX
Papier | Fördert gute Waldnutzung
FSC® C110508